혼자서도 즐기는
임베디드 시스템

김종욱, 손준익 공저

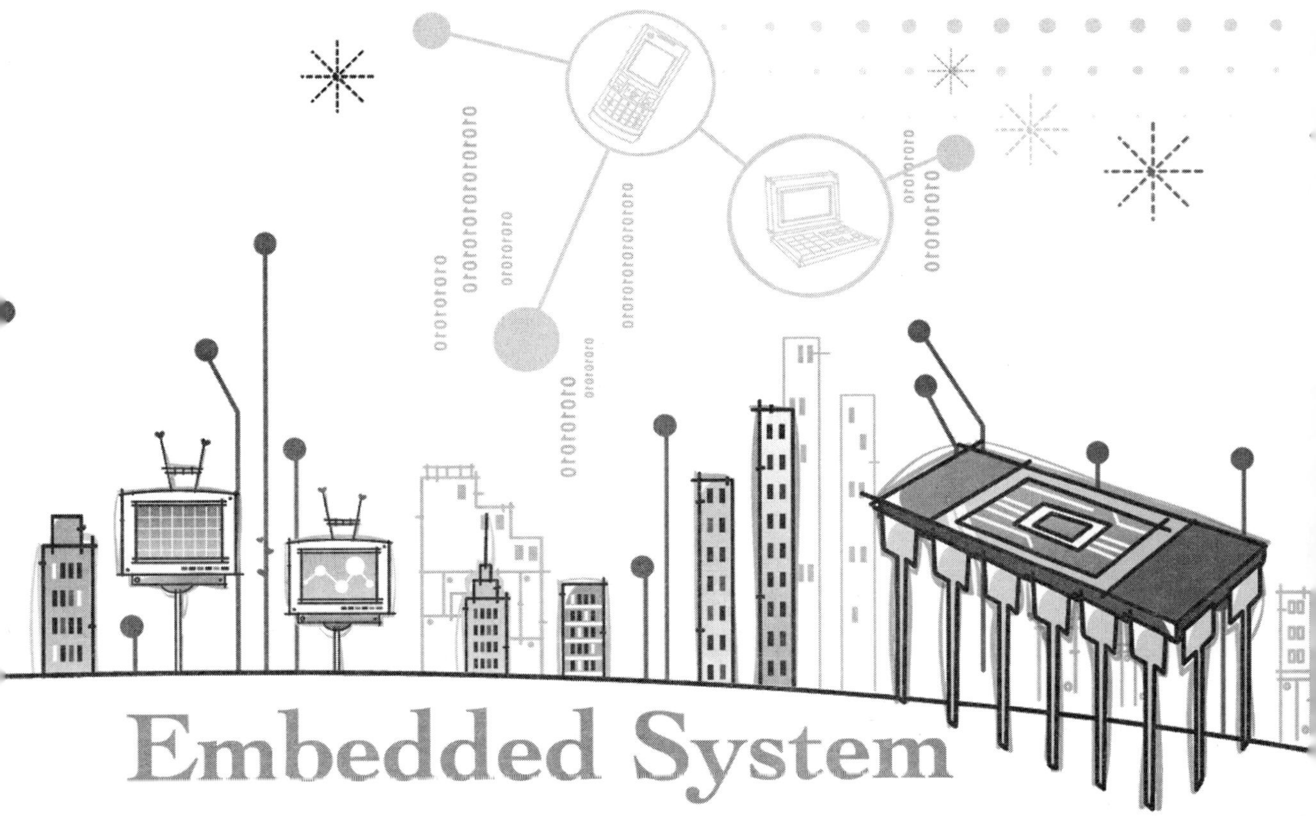

Embedded System

홍릉과학출판사

머리말

세계의 임베디드 시스템 시장은 2008년 920억 달러에서 2013년 말까지 1,125억 달러에 도달할 것으로 예측되며, 연평균 4.1%의 성장률이 예상되고 있다. 이는 국내외 산업계에서 임베디드 시스템 전문 인력에 대한 수요 또한 지속적으로 증가함을 의미한다. 이에 부응하여 다양한 임베디드 시스템 관련 교재들이 국내에서도 매년 새롭게 출판되고 있지만, 임베디드 소프트웨어와 관련된 내용들이 대부분이라고 할 수 있다. 임베디드 시스템의 특성상 소프트웨어와 하드웨어가 병행되어 실습이 이루어져야 효과적이지만, 하드웨어인 상용 임베디드 시스템 키트들은 학생이나 일반인이 개인적으로 구매하기에는 고가이므로 쉽게 접하기가 어려운 문제가 있다. 이로 인해 임베디드 시스템의 실무적인 내용을 이론과 더불어 균형감 있게 다루고 있는 책은 거의 없는 실정이다.

이 책은 전자공학과 및 관련학과 학부 3, 4학년 혹은 그 이상의 학생과 기업체 엔지니어들이 이 책만으로도 혼자서 임베디드 시스템을 구현할 수 있도록 개발되었다. 이 책에 첨부된 임베디드 보드(RTEB-128)는 실시간 운영체제인 uC/OS-II를 기반으로 하며, 마이크로 컨트롤러는 인기 있는 AVR 시리즈인 ATmega128이 사용되었으며 실습을 위해 입력 키, LED, 문자 LCD 등의 입출력 장치들을 갖추고 있다. 이 책의 독자들은 이 보드와 책의 예제들만을 이용해서 실시간 임베디드 시스템의 기본적인 동작들을 구현할 수 있을 것이다.

'百聞이 不如一見'이라는 고사성어가 있지만 저자는 '百見이 不如一行'이라고 믿기 때문에, 복잡하고 어렵다고 인식되어 온 임베디드 시스템을 이 책의 도움을 받아 본인이 손수 구현할 수 있다면 우리나라의 관련기술 발전에도 큰 도움이 되리라고 생각한다. 참고로 이 책에서 사용되는 용어들은 Wikipedia와 정보통신기술협회에서 발간한 정보통신 용어사전을 참조했다.

끝으로 이 책이 나오기까지 수고한 김태규, 김은수, 김조환, 김만석, 손용두에게도 심심한 감사의 말을 전한다.

2009년 9월

저자 김종욱, 손준익 씀

차 례

chapter 4 실습용 보드 개요 … 65

chapter 5 실습 … 91

* 찾아보기 … 139

chapter

1 임베디드 시스템

이 장에서는 임베디드 시스템의 개요 및 특징 그리고 요구사항을 알아보고, 이에 따른 임베디드 시스템의 구성과, 국내외 임베디드 시스템의 현황에 대해 알아본다.

1.1 임베디드 시스템 개요

임베디드 시스템은 컴퓨터 하드웨어와 소프트웨어가 조합되어 특정한 목적을 수행하는 시스템이다.

임베디드 시스템은 어떤 제품이나 솔루션에 추가로 탑재되어 그 제품 안에서 특정한 작업을 수행하도록 하는 시스템을 말한다. 첨단 기능이 들어 있는 컴퓨터, 가전제품, 공장자동화 시스템, 엘리베이터, 휴대폰 등 현대의 각종 전자, 정보통신 기기는 대부분 임베디드 시스템을 갖추고 있다. 대개의 경우 그 자체로 작동할 수도 있지만, 다른 제품과 결합해 부수적인 기능을 수행할 때에 한해 '임베디드 시스템'이라고 한다.

전 세계에 존재하는 컴퓨터 시스템의 약 90%가 임베디드 시스템이라는 보고서도 있는 것으로 보아, 생활 구석구석까지 얼마나 많고 다양하게 임베디드 시스템이 이용되는지 알 수 있다. 제반 응용 프로그램의 전반적 고성능 실행을 목적으로 하는 범용 컴퓨터 시스템과는 달리 특정한 목적을 수행하기 위해 설계되고, 또 그 특정한 목적을 수행하기 위한 최적의 하드웨어와 소프트웨어로서 원하는 기능의 요구조건을 만족시켜야하는 점에서 임베디드 시스템은 범용시스템의 설계와는 크게 다르다고 할 수 있다. 임베디드 시스템에 대한 연구와 개발은 이미 컴퓨터의 역사와 맥락을 같이 해 왔다고 볼 수 있을 정도로 오래 되어 왔다. 하지만, 비교적 최근에 들어서야 많은 관심이 고조되고 있는 이유는 무엇일까? 그 대표적인 이유는 임베디드 시스템이 적용되는 시스템들이 점점 복잡해지고 있다는 사실이다. 반도체 기술과 통신 기술의 급속한 발전은 인터넷의 일반적인 보급과 더불어 세상을 바꾸어 놓았다. 예를 들어 멀티미디어라고 불리는 다양한 정보 매개체는 단순히 한 번에 한가지의 매개체만 전달하던 정보처리 체계를 완전히 바꾸어 놓았다. 단순히 문자만을 교환하던 전자메일이나, 목소리만을 전달하던 전화선이 대량의 동영상이나 음악을 전달하는데 쓰이고, 이런 다중 매체 처리기는 실제로 하나의 정보만 처리하는 정보처리기기들의 결합이라고 볼 수 있기 때문에 이를 구현하기 위한 임베디드 시스템 설계의 복잡성은 빠르게 증가해 왔다.

이런 제반 기술의 급속한 발전은 임베디드 시스템의 소형화, 경량화, 고성능화, 다기능화 및 다양화를 가능하게 하였다. 즉, 과거에는 단순한 하드웨어와 고정된 소프트웨어의 결합으로 메인 보드 상에서 구현되었던 것이 임베디드 시스템의 일반적인 구현 방법이었다고 한다면 현재에 와서는 엄청난 양의 특화된 하드웨어와 아주 복잡한 소프트웨어가 효과적으로 실행되도록 설계된 고성능 프로세서가 하나의 칩 안에 집적되게 하는 SoC(System-on-a-Chip) 개발이 일반화 되어가고 있다. 이것은 사람들로 하여금 소형 휴대폰 단말기 한 대로 전화, 인터넷, 음악파일 재생, 휴대용 메모리 기능 뿐 아니라 디지털 카메라로도 사용할 수 있게 하고 있다.

이러한 기술적인 발전에 의해 약 3～4년 내에 임베디드 시스템의 시장규모는 전세계적으로 3000억 달러에 이를 것으로 전망하고 있다. 특히 디지털 가전기기와 멀티미디어 및 통신기기의 임베디드 시스템 시장은 가히 폭발적으로 증가될 것이 예상되고 있다. 또한 가전기기들과 정보통신 기기들이 통합되어 가고 있는 과정에 있으므로 향후 시장규모는 가파르게 증가할 것이다.

이렇게 복잡한 기능을 구현하고 최고의 성능을 유지하며 빠른 시간 안에 다양한 대중의 요구에 맞는 제품을 만들어 내기 위해서, 임베디드 시스템의 개발 및 연구는 어느 때 보다 중요해졌다고 할 수 있다. 이는 과거의 하드웨어와 소프트웨어가 독립적으로 개발된 후, 설계의 마지막 단계에서 결합되는 설계 방법으로는 도저히 시장의 고성능 및 빠른 생산시간(time to market) 요구조건을 만족시킬 수 없으며, 하드웨어와 소프트웨어간의 끊임없는 상호연관을 통하여 동시에 개발이 검증되는 방법이 임베디드 시스템 설계에 있어 매우 중요한 과정이 되고 있다. 이것이 임베디드 시스템의 설계에 대한 전반적인 연구가 현재 주목받고 있는 가장 큰 이유라 하겠다. [그림 1.1]은 임베디드 시스템의 몇 가지 예를 나타낸다.

〈 임베디드 시스템 응용분야 〉

- 정보가전 : 세탁기, 오디오, 인터넷 냉장고, HDTV 등
- 제어분야 : 공장자동화, 가정자동화, 로봇 제어, 공정 제어 등
- 정보기기 : 핸드폰, PDA, 스마트 폰, 위치기반 서비스 등
- 네트워크기기 : 교환기, 라우터, 공유기, 홈 게이트웨이 등
- 게임기기 : 가정용 게임기(PS2, XBox), 지능형 장난감 등
- 항공/군용 : 비행기, 우주선, 로켓, 야전 이동단말기 등
- 물류/금융 : ATM, RFID, 물류단말, 영업단말 등
- 차량/교통 : 자동차 주행/편의 시스템, 지능형 교통시스템(ITS) 등
- 사무/의료 : 전화기, 프린터, heart pacer, 수술 로봇, 증강현실 장비 등

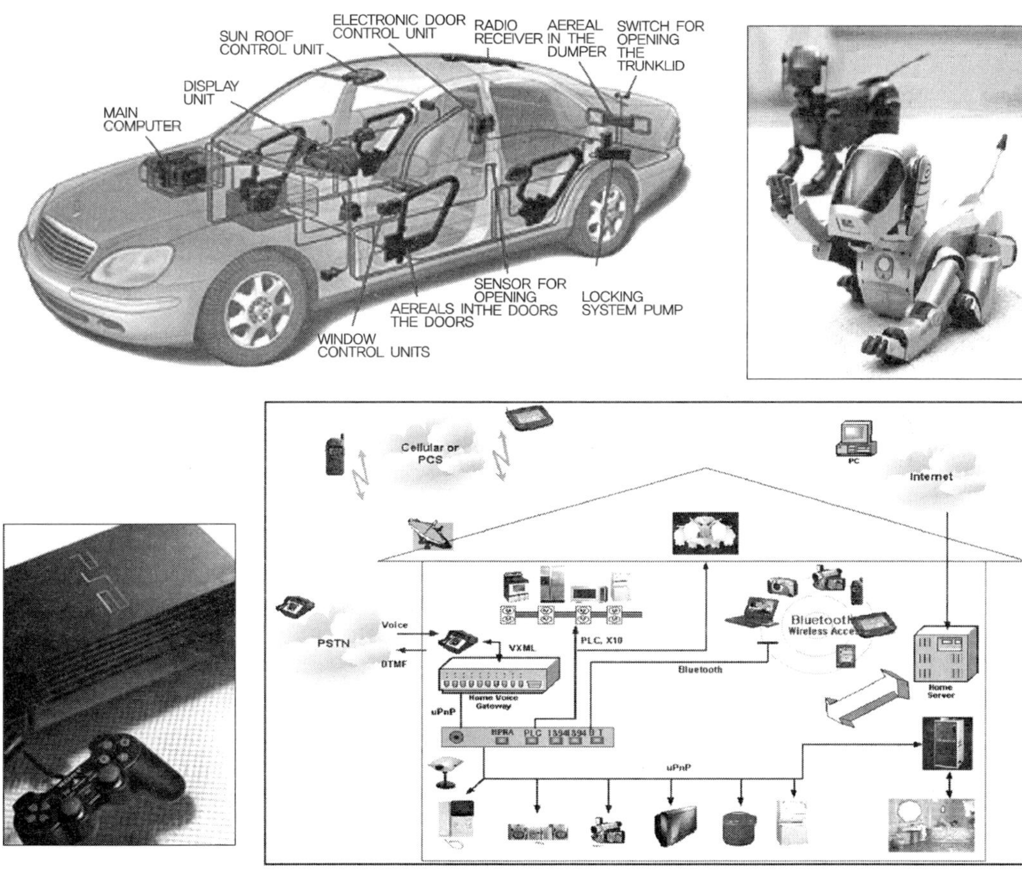

[그림 1.1] 임베디드 시스템의 예

1.2 임베디드 시스템의 특징 및 요구사항

1.2.1 특정 목적성(application-specific)

범용으로 만들어진 프로세서와 메모리는 어떤 프로그램이 수행될 지 정확히 알 수 없기 때문에 일반적인 프로그램이 빠르게 실행될 수 있는 구조를 갖게 되며 이렇게 설계된 후 고정된다. 이러한 범용 프로세서의 성능은 결국 운영체제 및 컴파일러 등 많은 구성 소프트웨어에 의해 평가된다. 이는 먼저 하드웨어가 개발되고 나서 그 구조에 가장 적합한 소프트웨어 설계라는 순차적인 설계 방법론을 의미한다. 반면에 컴퓨터 시스템이 어떤 특정 목적을 위해 설계될 때, 수행되는 기능이 거의 고정적이기 때문에 범용 시스템의 설계 시 만큼 소프트웨어만을 최적화시켜 얻을 수 있는 성능 향상이 크지 않은 경우가 많다.

이를 위해 임베디드 시스템은 빈번한 연산의 고속 수행을 위하여 때론 그 기능을 하드웨어로 구현해야 될 필요가 있다. 즉, 소프트웨어와 하드웨어가 동시에 개발되면서 어떤 기능이 하드웨어로 구현되어야 하는지 혹는 소프트웨어로 구현되어야 하는지가 고려되어야 한다. 바꾸어 말하면, 특정한 목적을 효과적으로 달성하기 위해 최소의 하드웨어와 소프트웨어를 탑재한 시스템을 설계하는 것이 임베디드 시스템 설계자의 임무라고 할 수 있다. 현실적으로는 하나의 범용 프로세서가 개발되었을 때, 이 프로세서가 임베디드 시스템에 쓰이기 위해 이 범용 프로세서를 기본으로 하는 여러 종류의 변종 프로세서가 상황에 맞추어 필요한 기능을 갖도록 특화되는 경우가 많다. 그 만큼 임베디드 시스템은 각각의 개성과 성능을 갖게 된다고 할 수 있다.

1.2.2 실시간성

범용 시스템의 처리는 일반적으로 주어진 자원을 최대한 효과적으로 활용하여, 되도록 빠르게 수행하는 것을 목적으로 한다. 이는 절대적인 처리 기한이 없이 주어진 시간 안에 되도록 많은 일을 수행하도록 설계되었음을 의미한다. 이에 반해 임베디드 시스템의 경우는 과제(task)의 처리 기한이 주어지는 실시간 처리가 많다. 예를 들어 목소리와 동영상이 같이 멀티미디어로 실행되어야 하는 경우, 목소리와 동영상은 실행 기한(deadline)이 주어져 있어 그 실행 기한 안에 데이터가 처리되지 않으면 동영상이나 인터넷 전화에서 정보 전달이 제대로 되지 않는다. 다중의 매체가 동시에 처리되는 멀티미디어 처리기에서는 각 매체의 종류마다 그리고 각 과제마다 실행 기한이 다를 수 있으며, 데이터 처리의 정밀도 및 질(QoS : Quality of Service) 등이 모두 다르기 때문에 효과적인 실시간 처리는 매우 어려운 문제이다.

이런 실시간 처리는 실행기한 내에 처리되기만 한다면 무조건 빨리 처리되는 것만이 바람직하다고 할 수 없기 때문에, 처리해야하는 모든 작업들의 우선순위를 효과적으로 조정하여 모든 작업이 각각의 제한 시간 안에 처리되도록 하는 것이 중요하다. 이러한 실시간성은 임베디드 시스템의 주요 특징이다.

1.2.3 대량생산성

우리의 생활 속에서 쉽게 발견되는 몇 가지 응용시스템의 예를 보아도 임베디드 시스템이 얼마나 우리의 실생활과 밀접하게 연관되어 있는지 알 수 있다. 예를 들어, 세탁기, 냉장고, TV, 게임기 등의 기기들을 보아도 대량 생산을 목적으로 최소 비용에 최대 효과를 내야 하는 기기들임을 쉽게 알 수 있다. 즉, 임베디드 시스템의 성능평가는 최종 제품의 성능에 의해 평가되지, 그 안에 쓰이는 하드웨어와 소프트웨어의 성능에 의해 평가되지는 않는다.

1.2.4 거친 환경에 강한 내구성

많은 임베디드 시스템은 고온이나 다습한 환경, 또는 충격이 가해지거나, 일부 기능에 이상이 있어도 기본 기능은 계속 동작하도록 요구되는 경우가 많다. 예를 들어, 자동차에 쓰이는 ABS의 경우, 50℃ 이상의 고온과 −30℃ 이하의 저온에서도 고장이 없는 내구성을 보여야 한다. 이는 많은 임베디드 시스템이 험난한 환경에서 동작함과 동시에 절대적으로 오작동을 허락하지 않는 미사일 제어 시스템이라든가 ABS 등의 아주 중요한 작업을 수행하는 경우가 빈번하기 때문에 더욱 더 중요하다고 할 수 있다.

앞에서 열거한 임베디드 시스템의 특징과 요구사항을 요약하면 다음과 같다.

- 임베디드 시스템은 하드웨어나 소프트웨어 기능상에 있어서 PC 보다 제한적이다.
  - 하드웨어 제한 : CPU 처리 성능, 전원 소비량, 메모리, 하드웨어 기능 등
  - 소프트웨어 제한 : 사용할 수 있는 애플리케이션 종류, scale-down 애플리케이션, 운영체제(OS : Operating System)를 사용할 수 없거나 제한된 기능의 OS 등
- 임베디드 시스템은 특별한 기능을 수행하기 위해 설계된다.
  - 최근에는 다양한 기능을 탑재한 임베디드 시스템도 존재한다(예: PDA, 휴대전화, 디지털 TV 등).
- 임베디드 시스템은 고수준의 품질(quality)과 신뢰성(reliability)이 요구되는 시스템이다.

- 자동차 엔진 제어부, 의료 기기
- 단지 불편함을 주는 정도의 시스템 : TV, 게임기, 휴대전화

- 임베디드 시스템이라 불리지만 실제로는 임베디드 시스템이 아닌 장치도 있다.
  - PDA, Web Pad 등 전통적인 임베디드 장치라는 개념이 기술이 발전함에 따라 변화하고, 점점 복잡한 시스템이 출현한다.

1.3 임베디스 시스템의 구성

임베디드 시스템의 구성은 [그림 1.2]에서 보듯이 크게 하드웨어와 소프트웨어로 나눌 수 있다.

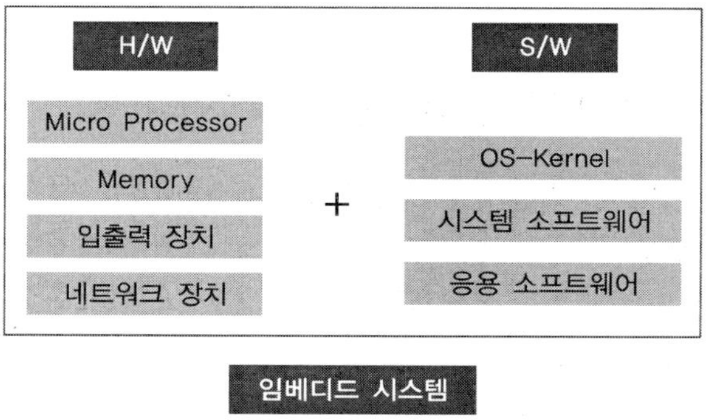

[그림 1.2] 임베디드 시스템 구성

1.3.1 임베디드 하드웨어

(1) 마이크로프로세서

마이크로프로세서 또는 CPU는 마이크로컴퓨터 시스템용 컨트롤러이다. 이것은 모든 버스 동작을 제어하고 계산을 실행하며 각종 연산을 수행한다. 마이크로프로세서는 프로그램이 가능하며, 동작은 시퀀스 명령에 의해 제어된다. 이들 명령은 일반적으로 데이터 전송명령, 산술과 논리 명령, 프로그램 제어명령 등의 3가지 형태를 포함한다. 마이크로프로세서 명령의 시퀀스를 프로그램 또는 소프트웨어라고 부른다.

(2) 버스 시스템

마이크로컴퓨터의 버스 시스템은 CPU, 메모리, 입출력 장치들 간에 데이터가 이동할 수 있는 통로를 제공하며, 분할버스(Shared Bus)이므로 유연성이 있다. 시스템

메모리 또는 주변장치를 추가하기 위해서는 이것들을 버스 시스템에 연결해야 하며 필요한 디코딩 로직을 추가해야 한다. CPU는 어드레스 버스를 통해 메모리와 주변장치 등에 주소를 지정하고 컨트롤 버스를 통해 방향과 타이밍에 대한 버스제어 신호들을 제공함으로써 버스 시스템을 제어한다. 아울러 데이터 버스를 통해 데이터 읽기/쓰기 기능을 제공한다.

(3) 메모리

메모리 디바이스는 마이크로프로세서의 프로그램과 데이터를 저장하기 위해 사용된다. 임베디드 시스템에는 여러 가지 형식의 메모리 장치가 있으며 버스 시스템에 접속한 메모리를 메인 메모리라고 부른다. 메모리의 종류에는 사용의 유용성에 따라 RAM(Random Access Memory), ROM(Read Only Memory), EPROM(Erasable PROM) 등이 있다.

(4) 입출력 장치

입출력 장치는 마이크로컴퓨터와 외부와의 인터페이스를 제공하는 모든 리소스를 포함한다. 이들 인터페이스는 키패드 또는 디스플레이처럼 휴먼 인터페이스에서부터 전혀 인간과 상호작용을 하지 않는 네트워크나 또는 머신 인터페이스까지 매우 다양하다. 마이크로컨트롤러에서 이용 가능한 입출력 리소스들은 마이크로컨트롤러의 적용 대상을 결정하곤 한다. 이것은 외부 시스템에 필요한 하드웨어 인터페이스를 제공하며, 마이크로프로세서의 부하를 덜어준다.

1.3.2 임베디드 소프트웨어

임베디드 소프트웨어는 산업 및 군사용 제어기기, 디지털 정보가전기기, 각종 센서장비 등의 기능을 다양화하고 부가가치를 높이기 위한 핵심 소프트웨어로 일상생활 속에서 쉽게 접하는 휴대폰, TV, 세탁기, 기차, 비행기, 엘리베이터 등의 제품 안에 내장된 임베디드 시스템에서 하드웨어를 제외한 나머지 부분이라고 할 수 있다.

임베디드 소프트웨어는 또한 크게 응용 소프트웨어, 미들웨어, 시스템 소프트웨어, 개발 프레임워크 등으로 분류할 수 있으며, 다음은 그 적용 예를 나열한 것이다.

- 임베디드 응용 소프트웨어
  - 멀티미디어 재생기, MAP Viewer, 브라우저, PIM 응용, 게임, 모바일 숍, CNS(GPS, GIS) 등
- 임베디드 미들웨어
  - JVM(Java Virtual Machine), CORBA(Common Object Request Broker

Architecture), 무선 인터넷 플랫폼(Brew), 각종 통신 프로토콜 관리기 등

- 임베디드 시스템 소프트웨어
  - 적응형 실시간 OS(Real-Time OS, RTOS), 메모리 상주 DBMS(Database Management System), 디바이스 드라이버, 저전력 지원 등
- 임베디드 소프트웨어 개발 프레임워크
  - 컴파일러, 디버거, 모바일 환경에 적합한 각종 시뮬레이터, 실시간 모니터, 이동 모니터 등

최근의 IT 기술은 마이크로프로세서의 가격이 낮아지고 소형화 및 고성능화가 진행됨에 따라 제품 경쟁력의 핵심이 하드웨어 생산 기술에서 소프트웨어 최적화 기술로 이동하는 변혁기를 맞이하여 임베디드 소프트웨어가 탑재된 상품의 가치가 하드웨어보다는 소프트웨어에 의해 좌우되는 기술집약적 고부가가치 산업으로 발전하고 있다. 초창기 임베디드 소프트웨어는 간단한 제어 프로그램만으로 산업용 기기를 제어하는데 그쳤으나, 최근에는 멀티미디어 처리와 같은 점차 복잡한 기능을 위해 멀티태스크 및 네트워크기능을 제공하는 임베디드 OS를 이용하고 있다.

1.4 국내외 임베디드 시스템 현황

첨단 임베디드 시스템 산업은 임베디드 기기, 즉 단말기 자체의 산업뿐만 아니라 관련 부품과 중간 투입재의 다양한 산업으로 구성된다. 구체적인 하드웨어 산업으로서 단말기, 마이크로프로세서, 디스플레이, 무선랜, 2차전지 등의 부품과 SoC들을 포함하는 시스템 설계 사업이 존재한다. 그리고 소프트웨어 산업으로서 소프트웨어의 핵심 코어를 이루는 임베디드 OS와 미들웨어 등의 시스템 소프트웨어, 응용소프트웨어 산업이 있다.

1.4.1 단말기 산업

Post PC 산업의 견인차 역할을 하는 주요 단말기는 단연 PDA이다. 세계적으로 2001년에 15%에 불과한 PDA/스마트폰 시장이 2004년에는 34%로 2.3배 확대되었다. 2004년 정보 산업 시장 자체가 확장되었다는 점을 고려할 때, 이는 3배 이상의 실질 성장률을 의미하는 것이다.

1.4.2 마이크로프로세서와 시스템 설계 산업

초기 임베디드 마이크로프로세서는 저전력과 휴대성을 강조하여 30MHz 이하의 급이 대부분이었으나, 점차 저전력 기능을 지원하면서도 100MHz 이상으로 고성능화되어 가는 추세이다. 마이크로프로세서와 마이크로컨트롤러는 32비트가 주를 이루며 이런 32비트 아키텍처는 음성통신과 데이터 통신 부분에서 가전 분야와 산업용 제어, 그리고 계측 분야에 널리 사용되고 있다.

현재 32비트 임베디드 마이크로프로세서 시장은 Intel과 Motorola 등이 장악하고 있다. Intel사의 StrongARM은 전력소모는 높은 편이지만 PC에 근접하는 기능을 제공하고 있으며 많은 PDA 제조업체에서 고성능의 StrongARM 시리즈 마이크로프로세서를 사용해왔다. 또한 Intel사가 ARM 코어를 기반으로 성능을 크게 높이고 전력소비량을 줄인 XScale 아키텍처를 개발했다. XScale 시리즈의 하나인 PXA250은 400MHz에서 동작하며 비디오 스트리밍, MP3 오디오, 무선접속 기능 등을 수행할 수 있고, 블루투스 등 무선 인터페이스 기능을 지원한다. 또한 PXA250은 저전력을 위하여 200MHz로도 동작할 수 있는데 이때의 전력 소비량은 256mW에 불과하다. 한편 Motorola사는 DragonBall을 세계 PDA 시장의 과반수를 점하는 Palm OS 계열의 PDA 군에 채용하면서 PDA용 CPU 시장을 이끌고 있다.

한편 휴대용 정보단말기에서 저전력, 고성능을 모두 획득하고 저가격, 소형화를 실현하기 위해서는 SoC 기술의 도입이 불가피하다. 이에 삼성전자는 ARM의 64비트 ARM10코어 기술을 이용한 PDA전용 SoC인 S3C2400을 개발하여 PDA 시장에서 세계적인 경쟁력을 갖추어 나가고 있다.

1.4.3 임베디드 OS와 미들웨어 산업

임베디드 OS 산업의 동향은 전통적으로 실시간 OS와 핸드헬드 OS의 약세, Windows CE의 확산, 그리고 임베디드 리눅스의 약진으로 요약할 수 있다. 각종 제어 시스템과 같은 전통적인 임베디드 시스템에서 사용되어 온 RTOS는 실시간성 지원능력과 수십 KB크기의 작은 메모리를 요구하기 때문에 생기는 시스템 가격인하의 강점을 가지고 있다. 그러나 임베디드 시스템이 고성능화되고 점점 더 복잡해져감에 따라 응용프로그램 개발 기간을 단축하기 위하여 MS Windows와 리눅스가 Post PC용 임베디드 OS로 부상해 왔다.

PDA를 비롯한 핸드헬드형 컴퓨터의 OS로는 Palm의 Palm OS, MS의 Windows CE, Psion을 중심으로 Ericson, Nokia, Motorola 등이 개발한 Symbian 등이 경쟁하고 있다. 아직까지는 Palm OS의 점유율이 가장 높지만, 다양하고 멀티미디어 기능이 뛰어나며 인터페이스가 데스크탑 Windows와 비슷한 Windows CE의 점유율이 점차 높아질 것으로 예상된다. 이러한 상황에서 몇몇 PDA 제조사들은 독자 OS를 개발하기보다는 임베디드 리눅스를 신제품에 채용하여 가격 경쟁력과 응용 개발에 이득을 얻고자 하고 있다.

한편 하드웨어 플랫폼에 독립적인 OS 기술만으로는 다양한 응용프로그램과 네트워크 환경을 효과적으로 제공할 수 없다는 한계를 가지며, 이를 해결하기 위하여 임베디드 미들웨어가 필요하다. 미들웨어 제품으로는 MS사의 COM/DCOM과 OLE/ActiveX, Sun사의 JavaBeans와 Enterprise JavaBeans, OMG의 CORBA 3, Oracle사의 NCA Cartridge 등이 있다.

이들은 소프트웨어 컴포넌트 기반 아키텍처 기술을 근간으로 하고 있으며 급속히 그 사용이 확산되어 왔다. 현재 세계 컴포넌트 기반 미들웨어 시장 규모는 점차로 확대되어 가고 있고, 같은 기간 소프트웨어 산업의 평균 성장률이 15%인데 반해 연평균 98%로 매우 빠른 성장이 예측되고 있다.

chapter

2 실시간(Real-time) 시스템 개요

실시간 시스템은 예정된 작업을 주어진 시간 안에 정확히 수행할 수 있는 시스템을 의미하며, 크게 연성(soft)과 경성(hard) 실시간 시스템으로 분류할 수 있다. 연성 실시간 시스템은 태스크들을 최대한 빨리 수행하면 되는 시스템이지만, 경성 실시간 시스템은 태스크를 정확히 동작시키면서 주어진 시간 안에 반드시 끝내는 시스템을 의미한다. 대부분의 시스템은 이러한 경성과 연성 실시간 시스템 특성을 동시에 가지고 있다고 할 수 있다.

실시간 시스템의 소프트웨어는 비실시간(non real-time) 시스템보다 일반적으로 설계하기가 더 어렵다. 이 장에서는 실시간 시스템의 개념에 대해 간략히 소개한다.

2.1 전경/배경(Foregound/Backgound) 시스템

소형이면서 복잡하지 않은 시스템은 전경/배경 시스템 혹은 수퍼-루프(super-loop)라 불린다. 전경은 인터럽트 레벨(interrupt level)이라고도 불리는데, 비동기적인 이벤트(event)를 처리하는 인터럽트 서비스 루틴(interrupt service routine, ISR)을 필요로 한다. 일정한 시간 내에 수행해야 할 중요한 동작은 반드시 이 ISR이 처리해야 한다. 배경은 태스크 레벨(task level)로 불리는데, 사용자가 수행하기 원하는 작업들을 의미한다.

대부분의 마이크로 컨트롤러 기반 응용제품(전자레인지, 전화기, 장난감 등)은 전경/배경 시스템으로 설계되어 있다. 이 경우, 평상시에는 프로세서가 정지되어 있다가 이벤트 발생시 ISR을 처리함으로써 전력 소비를 줄일 수 있다.

2.2 코드의 크리티컬 섹션(Critical section of code)

코드의 크리티컬 섹션은 분리되어 실행되지 않아야 할 중요한 코드 영역을 의미한다. 그러므로 이 크리티컬 섹션이 실행되기 전에는 분리 실행을 방지하기 위해 인터럽트를 비활성화(disable)해야 하고, 크리티컬 섹션이 처리 된 후에는 인터럽트를 다시 활성화(enable)해야 한다.

2.3 자원(Resource)

자원은 태스크가 사용하는 모든 요소를 의미한다. 그러므로 프린터, 키보드, 디스플레이와 같은 입출력 장치나 변수, 구조체, 배열 등이 모두 자원에 해당된다.

공유 자원(shared resource)은 둘 이상의 태스크가 사용할 수 있는 자원을 의미한다. 이 때 각 태스크는 데이터의 손상을 방지하기 위해 독점적으로 공유 자원에 접근해야 하며, 이 과정을 상호 배제(mutual exclusion)라고 한다.

2.4 태스크(Task)

스레드(thread)라고도 불리는 태스크는 CPU를 독점하는 최소 단위의 프로그램을 의미한다. 실시간 시스템에서는 큰 응용 프로그램을 복수 개의 태스크로 분할해서 실행함으로써 운용의 효율성을 높인다. 이를 멀티태스킹(multitasking)이라고 하며, 여러 태스크가 번갈아서 CPU(Central Processing Unit)를 사용할 수 있도록 태스크의 실행 순서를 정하고, 실제로 태스크의 수행을 전환하는 처리를 말한다.

각 태스크에는 [그림 2.1]에서 볼 수 있듯이 우선순위(priority), CPU 레지스터 세트, 고유한 스택(stack) 영역이 할당된다. 각 태스크는 5가지 상태를 무한히 반복하는데, 수면(dormant), 준비(ready), 실행(running), 대기(waiting), 인터럽트(ISR) 상태 중의 하나가 된다. 수면 상태는 태스크 코드가 메모리에 올라가 있지만 멀티태스킹 커널이 사용하지 않는 상태이고, 준비 상태는 현재 실행 중인 태스크보다 우선순위가 낮아 실행을 준비하고 있는 상태를 의미한다. 실행 상태는 태스크가 CPU를 점유하여 현재 실행되고 있는 상태를 의미하고, 대기 상태는 태스크가 특정 이벤트(입출력 처리완료, 공유자원의 사용 가능, 타이머의 만료 등)를 기다리고 있는 상태를 의미한다. 마지막으로 ISR 상태는 인터럽트가 발생해서 CPU가 인터럽트를 수행하고 있는 상태를 나타낸다.

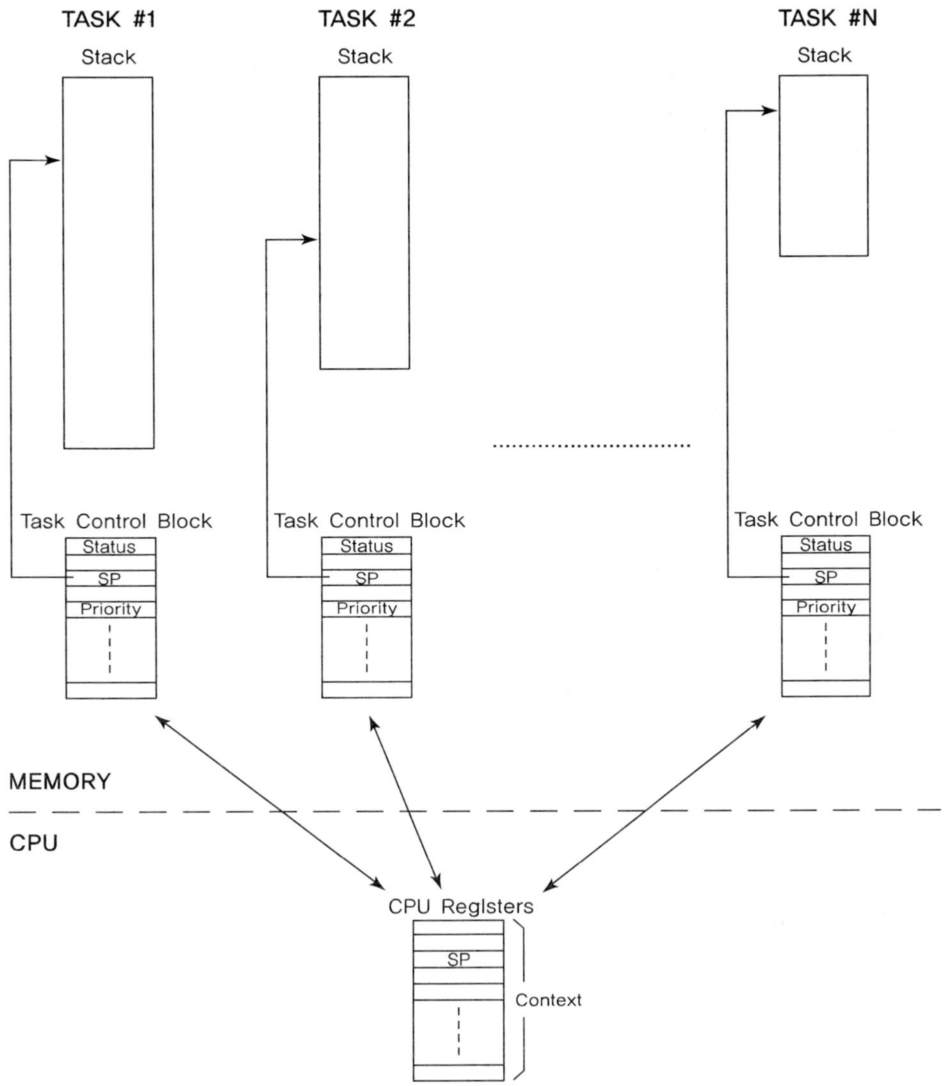

[그림 2.1] 다수의 태스크 구조

2.5 문맥전환(Context Switch 또는 Task Switch)

멀티태스킹 커널이 다른 태스크를 수행하고자 할 때, 커널은 현재 태스크의 작업 정보인 문맥(context)을 현재 태스크 스택의 문맥 저장영역에 저장한다(그림 2.1). 그 후 커널은 새롭게 수행하고자 하는 태스크의 문맥을 해낭 태스크의 저장영역에시 CPU 레지스터로 읽어 와서 그 태스크 코드를 실행한다. 이러한 일련의 과정을 문맥전환이라 한다.

문맥전환은 시스템에 오버헤드가 되며, 문맥전환에 소요되는 시간은 CPU가 얼마나 많은 레지스터를 저장하고 읽어오는가에 의해 정해진다. 따라서 1초 동안 문맥전환을 많이 한다고 해서 그 실시간 커널의 성능이 좋다고 할 수는 없다.

2.6 커널(Kernel)

커널은 멀티태스킹 시스템의 한 부분으로, 각종 태스크 관리와 태스크 간 통신을 담당한다. 커널이 제공하는 가장 기본적인 서비스는 문맥전환이다. 특히 실시간 커널은 응용 프로그램을 여러 개의 태스크로 분리함으로써 시스템 설계를 간단히 할 수 있도록 도와준다.

커널은 시스템에 오버헤드를 부과하는데, 그 이유는 커널 코드 자체를 저장할 수 있는 ROM과 커널이 사용하는 데이터 구조체를 저장하기 위한 RAM이 추가적으로 필요하기 때문이다. 그러므로 잘 설계된 응용프로그램에서도 커널은 CPU 시간의 2~5%를 점유한다. 일반적으로 단일 칩 마이크로컨트롤러는 RAM이 작기 때문에 실시간 커널을 실행하기 어렵다.

커널은 세마포어(semaphore) 관리, 메일박스(mailbox), 큐(queue), 시간 지연 등과 같은 서비스를 제공함으로써 CPU를 좀 더 편리하고 효율적으로 사용하게 해준다.

2.6.1 스케줄러(Scheduler)

스케줄러는 커널의 일부로서 디스패처(dispatcher)라고도 하며, 다음에 수행 될 태스크의 순서를 정하는 역할을 한다. 이를 위해 각 태스크는 그 중요성에 따라 우선순위(priority)가 정해져있다. 대부분의 실시간 커널은 우선순위에 따라 태스크를 실행시키며, 이 때 CPU 소유권은 가장 높은 우선순위를 갖는 태스크에게 주어진다. 우선순위를 기반으로 하는 커널에는 비선점형(non-preemptive)과 선점형(preemptive) 커널 두 종류가 있다.

2.6.2 비선점형 커널(Non-preemptive Kernel)

비선점형 커널은 현재 수행 중인 태스크가 CPU 소유권을 자발적으로 내놓으면, 새롭게 최상위 우선순위를 갖는 태스크가 CPU 소유권을 넘겨받는 방식으로 멀티태스킹을 수행하는 커널이다. 그러나 비동기적인 이벤트는 여전히 ISR이 처리한다. ISR은 높은 우선순위의 태스크를 실행준비 상태로 만든 뒤, 인터럽트가 발생되었던 태스크로 되돌아온다.

비선점형 커널의 장점은 인터럽트 지연시간(interrupt latency)이 짧다는 것과 세마포어를 사용해서 공유 데이터를 보호할 필요성이 줄어든다는 것이다. 반면에 비선점형 커널은 협조적(cooperative) 멀티태스킹의 특성으로 인해 응답시간을 예측하기 어려운 단점이 있다. 즉, 현재 실행 중인 태스크가 CPU를 자발적으로 양도해야 하기 때문에 상위 우선순위의 태스크는 실행준비 상태가 되더라도 실제로 실행되기까지는 좀 더 기다려야 하는 경우가 많기 때문이다. 이러한 단점 때문에 주어진 시간 내에 태스크들을 수행해야 하는 실시간 시스템에는 비선점형 커널이 거의 사용되지 않고 있다.

2.6.3 선점형 커널(Preemptive Kernel)

선점형 커널은 실행준비 상태인 최상위 우선순위 태스크가 언제나 CPU 소유권을 갖는 커널이다. 즉, 어떤 태스크가 상위 우선순위의 태스크를 실행준비 상태로 만들면 현재 실행중인 태스크는 선점되어 곧바로 상위 우선순위 태스크로 CPU의 소유권이 넘어간다. 만약 ISR이 상위 우선순위 태스크를 실행준비 상태로 만들면, ISR이 종료될 때 인터럽트가 발생되었던 태스크는 중단되고 새로운 상위 우선순위 태스크가 실행된다.

선점형 커널에서는 최상위 우선순위 태스크가 언제 CPU의 소유권을 얻을 수 있을지 예측할 수 있어서 태스크 레벨의 응답시간은 최적이며 확정적이다. 이 책에서 사용하는 uC/OS-II는 선점형 커널이다.

2.6.4 재진입 가능 함수(Reentrant Functions)

재진입 가능 함수는 데이터를 손상할 염려 없이 여러 개의 태스크가 사용할 수 있는 함수이다. 재진입 가능 함수는 항상 인터럽트를 허용하며, 인터럽트나 커널에 의해 선점된 뒤에 데이터의 손실 없이 다시 시작될 수 있다. 재진입 가능 함수는 가능한 한 지역변수(local variable)를 사용해야 하며, 전역변수(global variable)를 사용할 때는 데이터를 보호하는 방법을 사용해야 한다.

2.7 태스크 우선순위(Task Priority)

각 태스크는 우선순위가 배정되어 있으며, 중요한 태스크일수록 더 높은 우선순위를 갖는다. 대부분의 커널에서는 프로그래머가 각 태스크의 우선순위를 정해줄 수 있다.

태스크 우선순위는 응용 프로그램을 실행하는 동안 태스크의 우선순위를 바꿀 수 없는 정적(static) 우선순위와, 우선순위를 바꿀 수 있는 동적(dynamic) 우선순위가 있다. 정적 우선순위 기법을 사용할 경우 컴파일 시 우선순위를 배정해야 한다. 동적 우선순위 기법은 실시간 커널에서 우선순위 역전(priority inversion)이 발생하는 시간을 최소화할 수 있으므로 uC/OS-II는 이 기능을 제공한다.

우선순위 역전은 높은 우선순위를 갖는 태스크가 실행 대기 중임에도 낮은 우선순위를 갖는 태스크가 먼저 실행되는 현상을 나타낸다. 예를 들어 우선순위가 태스크 1 > 태스크 2 > 태스크 3 순서인 세 개의 태스크가 멀티태스킹 중에 있다고 하자. 태스크 1과 태스크 2는 어떤 이벤트를 기다리고 있는 중이고, 태스크 3은 먼저 실행되고 있다가 공유자원 접근을 위해 세마포어를 획득한다. 얼마 후 태스크 1이 기다리던 이벤트가 발생되어 커널은 우선순위가 낮은 태스크 3을 중단시키고 태스크 1을 실행시킨다. 주의할 점은 이 때 태스크 3이 여전히 세마포어를 소유하고 있다는 점이다. 태스크 1이 얼마간 실행되다가 태스크 3이 세마포어를 이용해서 독점적으로 접근하고 있는 공유자원을 사용해야 할 경우, 커널은 태스크 1의 실행을 멈추고 그 세마포어의 대기 리스트(wait list)에 태스크 1을 올려놓고 태스크 3을 다시 실행시킨다. 얼마 후 태스크 2가 기다리던 이벤트가 발생되면 우선순위에 의해 커널은 태스크 3을 중단시키고 태스크 2를 실행시킨다. 이렇게 우선순위가 가장 높은 태스크 1이 세마포어 획득 문제로 인해, 우선순위가 더 낮은 태스크 2가 모두 실행되고 태스크 3이 세마포어를 양도한 후에야 실행되는 현상을 우선순위 역전이라고 한다.

이러한 우선순위 역전의 해결 방법은 동적 우선순위 기법을 이용해서 우선순위가 가장 낮은 태스크 3이 세마포어를 독점적으로 소유하는 동안만 임시적으로 우선순위를 태스크 1과 같이 높여주는 것이다. 이렇게 되면 위 예에서 태스크 1이 세마포어를 대기하는 중에 태스크 2가 기다리던 이벤트가 발생해도, 태스크 3의 우선순위가 태스크 2의 우선순위보다 높으므로 태스크 3이 계속해서 실행될 수 있다. 그리고 마침내 태스크 3이 세마포어를 내놓으면 태스크 1이 실행되고, 이후에 태스크 2가 실행된다. 세마포어에 관한 내용은 2.8.3절에서 자세히 설명된다.

2.8 상호배제(Mutual Exclusion)

여러 개의 병렬 프로세스가 공통의 변수 또는 자원에 접근할 때 그 조작을 정당하게 실행하기 위하여 임의의 시점에서 하나의 프로세스만이 접근하도록 제어하는 것을 상호배제라 한다. 데이터를 공유하는 것이 정보교환을 쉽게 해주지만, 각 태스크 간의 경쟁과 공유 데이터의 손상을 방지하려면 태스크가 데이터를 독점해서 이용할 수 있게 해줘야 한다. 태스크가 공유자원을 독점적으로 접근하기 위한 일반적인 방법으로는 인터럽트 비활성화/활성화, Test-And-Set(TAS) 수행, 세마포어 사용 등이 있다.

2.8.1 인터럽트 비활성화(Disable)/활성화(Enable)

공유자원을 독점적으로 접근할 수 있는 가장 쉬우면서도 빠른 방법은 인터럽트를 비활성화하고 자원에 접근한 후 다시 인터럽트를 활성화하는 것이다. uC/OS-II는 대부분의 커널처럼 내부 변수와 데이터 구조체에 접근하기 위해 이 방법을 사용하며, C 코드 내에서 인터럽트 비활성화를 위해서는 'OS_ENTER_CRITICAL', 인터럽트 활성화를 위해서는 'OS_EXIT_CRITICAL'이라는 매크로를 쌍으로 사용한다.

이 방법은 태스크와 ISR이 변수나 데이터 구조체 등을 함께 공유할 수 있는 유일한 방법이기도 하지만, 인터럽트 비활성화 시간(인터럽트 지연시간)이 너무 길면 시스템의 응답성에 영향을 주므로 주의해서 사용해야 한다.

2.8.2 Test-And-Sets(TAS)

커널을 사용하지 않고 공유자원에 접근하는 경우, 함수가 공유자원의 전역변수를 점검해서 그 변수의 값이 0일 때만 그 자원에 접근하고, 다른 함수의 접근을 막기 위해 그 변수의 값을 1로 설정해 주는 것을 TAS라고 한다. 전역변수를 0이나 1로 설정해 줄 때 인터럽트 비활성화/활성화를 수행해야 하며, 그렇지 않은 경우 변수에 TAS 연산을 수행하기 위해서 인터럽트를 비활성화해야 한다.

2.8.3 세마포어(Semaphore)

세마포어는 1960년대 중반에 Edgser Dijikstra가 개발한 것으로 대부분의 멀티태스킹 커널이 제공하는 메커니즘이다. 세마포어는 다음과 같은 용도로 주로 이용된다.

- 공유자원 간의 접근 제어
- 이벤트의 발생을 신호로 알려 줌(signaling)
- 두 태스크 간의 동작 동기화(synchronization)

세마포어는 코드를 계속 실행하기 위해서 가지고 있어야 하는 열쇠에 비유될 수 있다. 세마포어를 요구한 태스크는 현재 소유 태스크가 세마포어를 양도할 때까지 대기 상태가 된다.

세마포어의 종류에는 0 또는 1의 값을 갖는 이진(binary) 세마포어와 할당된 비트 길이에 따라 0~255, 0~65535 등의 값을 갖는 카운팅(counting) 세마포어가 있다. 카운팅 세마포어는 하나의 자원을 여러 태스크가 동시에 사용하고자 할 때 사용된다. 공유자원 간의 접근 제어 시 두 경우 모두 세마포어가 0이면 세마포어를 요구한 태스크는 대기 상태가 된다.

일반적으로 세마포어에 대해 커널은 세 가지 연산을 수행한다. 먼저 INITIALIZE (또는 CREATE) 연산은 세마포어를 초기화하는데, 세마포어 값은 초기값이 되며 태스크들의 세마포어 관련 대기 목록은 비워진다. 세마포어의 초기값은 상호배제에 사용되는 경우 1로, 태스크 동기화에 사용되는 경우 0으로 설정된다.

두 번째, WAIT(또는 PEND) 연산은 세마포어 값이 1이상이 되어 사용가능 할 때까지 태스크가 기다리게 한다. 이 때 대부분의 커널은 제한시간(timeout)을 지정하여 이 시간 안에 세마포어를 획득하지 못하면, 세마포어를 요청한 태스크는 에러 코드(정상적으로 세마포어를 획득하지 못했음을 알림)를 받고 실행준비 상태가 된다.

마지막으로 SIGNAL(또는 POST) 연산은 세마포어를 가지고 작업을 끝낸 태스크가 세마포어를 양도하게 한다. 그러면 이진 세마포어의 경우 세마포어 값이 0에서 1로, 카운팅 세마포어의 경우 현재 값에서 1 증가하는 결과를 낳는다. 이 때 이 세마포어를 기다리던 태스크가 있는 경우 즉시 세마포어를 획득하기 때문에, 다시 1 감소하게 되어 세마포어 값은 변화가 없는 것처럼 보이게 된다. 세마포어를 기다리던 태스크가 다수인 경우 uC/OS-II는 그 중에서 가장 우선순위가 높은 태스크가 세마포어를 가지게 한다.

다음 페이지의 코드는 uC/OS-II에서 세마포어를 사용해서 데이터를 공유하는 방법을 보여준다. 공유 데이터를 접근하려는 태스크는 `OSSemPend()`를 호출하고, 데이터 처리가 끝났을 때는 `OSSemPost()`를 호출한다.

```
OS_EVENT  *SharedDataSem;

void Function (void)
{
    INT8U  err;

   OSSemPend(SharedDataSem, 0, &err);
    .
    .  /* 여기에서 공유 데이터 접근 가능 */
    .
   OSSemPost(SharedDataSem);
```

태스크가 입출력 장치를 공유하고자 할 때 특히 세마포어가 유용하다. 2개의 태스크가 동시에 각자의 문자("I am task 1!"과 "I am task 2!")를 프린터에 보낼 경우, 각 태스크는 프린터를 독점적으로 이용하기 위해 세마포어를 얻어야 한다. 그렇지 않은 경우 아래와 같이 뒤섞인 문자가 출력될 수 있다.

```
I Ia amm T Tasask k1 !2!
```

세마포어를 획득하고 양도하는 데 오버헤드가 소요되기 때문에, 간단한 공유 변수에 접근하는 경우 인터럽트 비활성화/활성화를 활용하는 것이 보다 효율적이다.

2.8.4 교착상태(Deadlock)

교착상태는 두 태스크가 각자 다른 태스크에서 독점적으로 사용하고 있는 자원을 무한정 기다리는 상태를 말한다. 예를 들어 태스크 1은 자원 1에 대해 독점적으로 접근하고 있고, 태스크 2는 자원 2에 대해 독점적으로 접근하고 있는 경우를 생각해 보자. 이 때 태스크 1이 자원 2에 대해 독점적으로 접근할 필요가 있고, 태스크 2가 자원 1에 대해 독점적으로 접근할 필요가 있게 되면 더 이상 작업이 진행되지 않는다.

이러한 교착상태를 피하기 위해 대부분의 커널은 세마포어를 획득할 때 제한시간 지정을 허용한다. 즉, 지정된 시간 안에 세마포어를 획득하지 못한다면, 자원을 요청한 태스크는 다시 실행된다. 이 때 제한시간이 지났음을 알려주는 에러 코드가 태스크로 전달되고, 태스크는 이를 통해 자원을 획득하지 못한 것을 알 수 있다. 일반적으로 교착 상태는 임베디드 시스템이 아닌 대형 멀티태스킹 시스템에서 주로 발생한다.

2.9 동기화(Synchronization)

동기화는 서로 다른 시간에 비동기적으로 수행되는 다수의 태스크를 어떤 시점에서 일치시키는 것을 의미한다. 태스크는 세마포어를 써서 ISR 또는 다른 태스크와 함께 동기화할 수 있다. 이 경우 세마포어는 어떤 이벤트의 발생을 알려주는 깃발(flag)의 역할을 한다.

이해를 위해 어떤 태스크가 입출력 동작을 개시하고 세마포어를 기다린다고 하자. 입출력 동작이 끝나면, ISR(혹은 다른 태스크)이 세마포어에 신호를 보낸다. 이때 0으로 초기화되어 있던 세마포어가 1이 되고, 이 세마포어를 기다리던 태스크는 세마포어를 획득하여 동작을 재개한다. [그림 2.2]는 이러한 과정을 도식화했다.

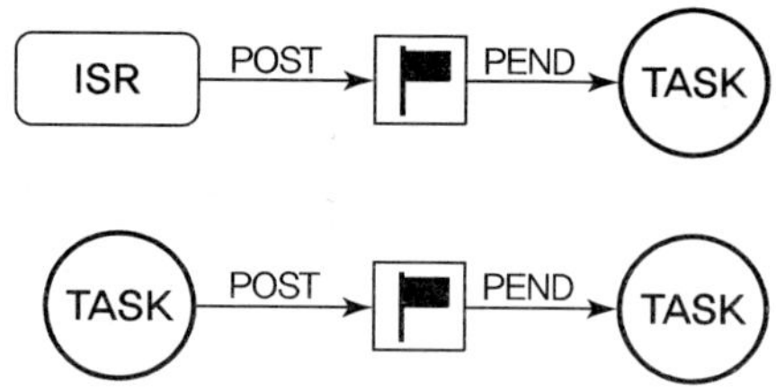

[그림 2.2] 태스크와 ISR의 동기화

2.9.1 이벤트 플래그(Event Flags)

이벤트 플래그는 태스크를 여러 개의 이벤트 발생에 대해 동기화시킬 필요가 있을 때 사용한다. 태스크는 논리 OR 조합을 이용해서 여러 개의 이벤트 중 임의의 이벤트가 하나만 발생할 때 동기화 할 수 있다. 이것을 분리 동기화(disjunctive synchronization)라 한다. 반면에 논리 AND 조합을 이용해서 모든 이벤트가 발생해야만 동기화 할 수 있는데, 이를 결합 동기화(conjunctive synchronization)라 한다.

이벤트가 여러 태스크에 의해 공유되는 경우 uC/OS-II에서는 [그림 2.3]과 같이 이벤트 플래그를 사용한다. 이벤트는 보통 하나의 그룹으로 구성되고, 커널에 따라 하나의 그룹은 8, 16, 또는 32개의 비트로 구성된다. 각 비트는 하나의 이벤트를 나타내며 이벤트 플래그를 켜고(SET), 끄고(CLEAR), 기다림(WAIT)으로써 해당 태스크의 실행 여부를 결정할 수 있다.

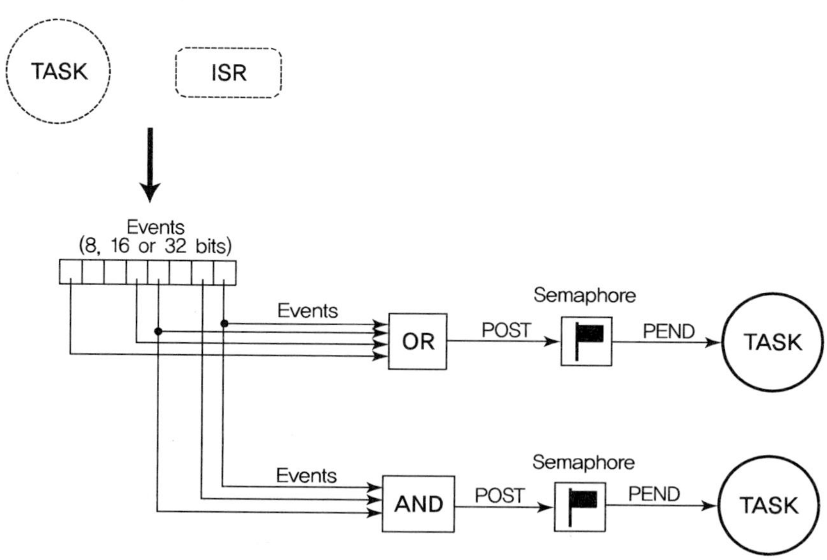

[그림 2.3] 이벤트 플래그

2.10 태스크 간 통신(Intertask Communication)

태스크나 ISR이 다른 태스크에게 정보를 전달하는 것을 태스크간 통신이라 하며, 전역변수를 이용하거나 메시지를 전송하는 방법이 있다. 전역변수를 사용할 때는 세마포어나 인터럽트 비활성화/활성화를 이용해서 각 태스크나 ISR이 변수에 독점적으로 접근할 수 있게 해야 한다. 특히 태스크가 ISR에게 정보를 전달하는 것은 전역변수를 통해서만 가능함을 기억할 필요가 있다. 태스크가 변수의 값이 변화된 것을 알 수 있는 유일한 방법은 주기적으로 변수를 모니터링 하거나, ISR이 세마포어를 이용해서 태스크로 신호를 보내는 것이다. 이런 상황에서 좋은 방법은 메시지 메일박스(message mailbox)나 메시지 큐(message queue)를 사용하는 것이다.

2.10.1 메시지 메일박스(Message Mailbox)

메시지 교환이라고도 하는 메시지 메일박스는 일반적으로 포인터 변수이다. 태스크나 ISR은 커널이 제공하는 서비스를 통해 메일박스에 메시지(포인터)를 보내거나 받을 수 있다. 메시지를 보내는 태스크나 받는 태스크 둘 다 포인터가 실제 메모리에서 어디를 가리키는지 알아야 한다.

메시지 수신을 원하는 태스크가 하나 이상인 경우에 대비해서 각 메일박스에 대기목록이 준비되어 있다. 빈 메일박스로부터 메시지를 기다리는 태스크는 메시지가 수신되거나 제한시간이 지날 때까지 대기 상태가 되고, 메일박스의 대기목록에 올려진다. 그 후 메시지가 메일박스에 도착하면 그 메시지는 기다리고 있던 최상위 우선순위 태스크로 전달된다.

또한 메시지 메일박스는 이진 세마포어 대신 사용될 수 있다. 이 경우 메일박스에 메시지가 있다는 것은 자원이 사용 가능하다는 것을 나타내고, 메일박스가 비어있다는 것은 자원이 이미 다른 태스크에 의해 사용되고 있다는 것을 나타낸다.

2.10.2 메시지 큐(Message Queues)

메시지 큐는 메일박스의 배열로서 1개 이상의 메시지를 태스크에 보낼 때 사용된다. 태스크나 ISR은 커널이 제공하는 서비스를 이용해서 메시지(포인터)들을 메시지 큐에 보내거나 받을 수 있다. 메일박스와 마찬가지로 메시지를 보내는 태스크나 받는 태스크 둘 다 포인터가 실제 메모리에서 어디를 가리키는지 알아야 한다. 일반적으로 큐에 들어간 첫 번째 메시지가 큐에서 나오는 첫 번째 메시지가 된다(First-In-First-Out 방식).

메일박스와 마찬가지로, 각 메시지 큐는 대기목록을 가지고 있다. 빈 메시지 큐로부터 메시지를 받고자 하는 태스크는 메시지가 수신되거나 제한시간이 지날 때까지 대기 상태가 되고, 메일박스의 대기목록에 올려진다. 메시지가 큐에 송부되면, 메시지를 기다리는 최상위 우선순위 태스크로 메시지가 전해진다.

2.11 인터럽트(Interrupts)

인터럽트는 비동기적인 이벤트가 발생한 것을 CPU에게 알려주는 하드웨어 메커니즘이다. 인터럽트가 감지되면 CPU는 문맥의 일부 또는 전부를 저장하고 ISR 서브루틴으로 점프한다. 그리고 ISR이 이벤트를 처리하고 나면 uC/OS-II에서는 실행 준비상태가 된 최상위 우선순위 태스크를 수행한다.

이벤트가 발생하면 인터럽트가 마이크로프로세서로 하여금 그 이벤트를 처리하게 한다. 따라서 인터럽트를 이용하면 소프트웨어적이면서 지속적으로 이벤트 발생여부를 감시(polling)할 필요가 없다.

공유자원 접근 등을 위해 인터럽트를 비활성화하면 인터럽트 지연시간에 영향을 주고 때로는 인터럽트를 놓치게 할 수도 있다. 그러므로 인터럽트 비활성화/활성화는 조심스럽게 사용되어야 한다. 아울러 uC/OS-II는 인터럽트가 중첩(nesting)되는 것을 허용한다. 즉, 프로세서가 인터럽트를 수행하는 동안 다른 인터럽트가 인식되면 그 인터럽트를 수행할 수 있게 하는 것이다.

2.11.1 인터럽트 지연시간(Interrupt Latency)

실시간 시스템의 가장 중요한 사양 중 하나는 인터럽트가 비활성화 되어 있는 시간이다. 인터럽트 비활성화가 길어질수록 인터럽트 지연시간은 길어진다. 인터럽트 지연시간은 다음 식에 의해 계산된다.

인터럽트 지연시간
= 인터럽트가 비활성화된 시간 + ISR에서 최초 명령을 시작하려는 시간

2.11.2 인터럽트 응답시간(Interrupt Response)

인터럽트 응답시간은 인터럽트를 받는 순간부터 인터럽트를 처리하는 사용자 코드가 실행되기까지의 시간으로 정의된다. 인터럽트 응답시간은 인터럽트를 처리할

때의 모든 오버헤드도 포함된다. 일반적으로 프로세서 문맥(CPU 레지스터)은 사용자 코드가 실행되기 이전에 스택에 저장한다.

선점형 커널에서는 커널이 제공하는 특별한 함수(`OSIntEnter()`)를 호출해야 하는데, 이 함수는 커널에게 ISR이 진행 중인 것을 알리며 커널로 하여금 인터럽트가 중첩되는 것을 알 수 있도록 해준다. 선점형 커널에서 인터럽트 응답시간은 다음 식에 의해 계산된다.

인터럽트 응답시간 = 인터럽트 지연시간 + CPU 문맥을 저장하는 시간
+ 커널의 ISR 진입함수 실행시간

2.11.3 인터럽트 복귀시간(Interrupt Recovery)

인터럽트 복귀시간은 인터럽트에 의해 중단되었던 코드가 다시 수행되기까지 걸리는 시간으로 정의된다. 선점형 커널에서의 인터럽트 복귀 시간은 다소 복잡하다. 일반적으로 ISR이 종료될 때 커널이 제공하는 함수(OSIntExit())를 호출해야 하는데 이 함수는 커널로 하여금 인터럽트가 중첩되었는지를 알 수 있게 해준다. 만일 중첩되었다면 커널은 ISR 수행결과에 의해 상위 우선순위 태스크가 실행 준비상태가 되었는지 결정한다. 이때 ISR의 수행결과에 의해 상위 우선순위의 태스크가 실행 준비상태가 되었다면, 이 태스크가 재실행된다. 인터럽트에 의해 중지된 태스크는 다시 시스템에서 가장 높은 우선순위의 실행 가능한 태스크로 될 때까지 실행이 중단된다. 선점형 커널에서의 인터럽트 복귀시간은 다음 식에 의해 계산된다.

인터럽트 복귀시간 = 상위 우선순위 태스크가 실행 준비상태가 됐는지 결정하는 시간
+ 최상위 우선순위 태스크의 CPU 문맥을 복구하는 시간
+ 인터럽트로부터 복귀 명령 실행 시간

[그림 2.4]는 선점형 커널에서의 인터럽트 지연시간, 응답시간, 그리고 복귀시간을 보여준다. 선점형 커널에서 종료함수(exit function)는 인터럽트가 발생한 태스크(그림에서 A 부분) 또는 ISR에 의해 실행 준비상태가 된 상위 우선순위 태스크(그림에서 B 부분) 중 어느 쪽으로 복귀할 것인지 결정한다. 후자의 경우는 커널이 문맥전환을 수행하기 때문에 실행시간이 조금 더 길어진다.

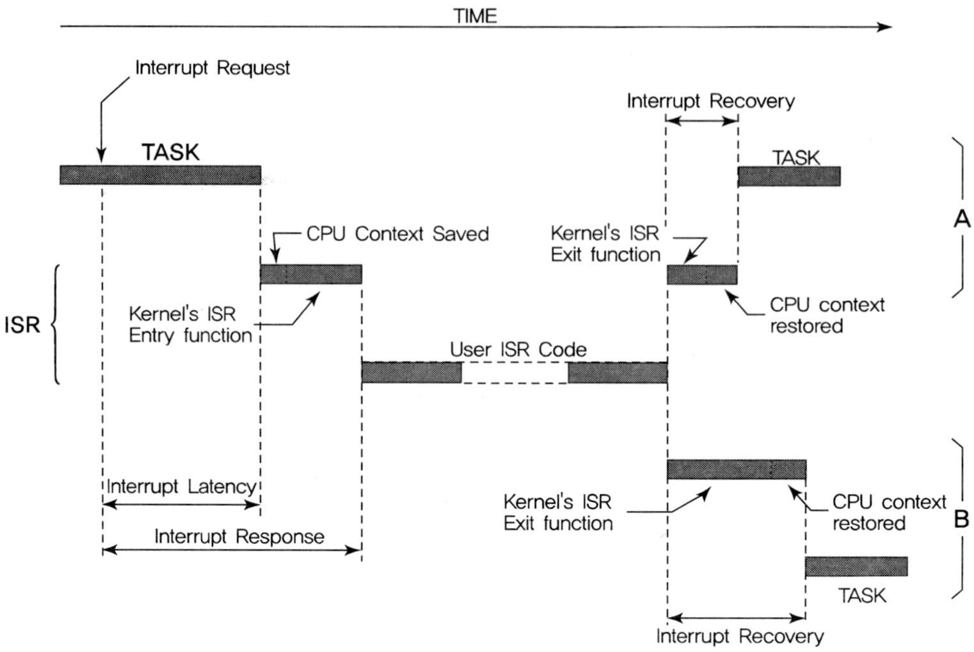

[그림 2.4] 선점형 커널의 인터럽트 지연시간, 응답시간, 복귀시간

2.11.4 ISR 수행시간

대부분의 경우 ISR은 인터럽트를 감지하고, 인터럽트를 발생한 장치로부터 그 상태나 데이터를 읽어내고, 나머지 부분은 태스크가 처리하도록 신호를 보내는 일을 한다. ISR 수행시간은 가능한 한 짧아야 하지만 그 시간에 대한 절대적인 기준은 없다.

2.12 클럭 틱(Clock Tick)

클럭 틱은 정기적으로 일어나는 특별한 인터럽트로서 시간간격은 일반적으로 10ms~200ms 사이이다. 클럭 틱은 태스크를 임의로 지연시키고, 이벤트가 발생하기를 기다리는 태스크에게 타임아웃을 제공한다. 그리고 틱 발생 속도가 빠를수록 오버헤드가 높아지며 모든 커널은 클럭 틱의 단위로 태스크를 지연시킬 수 있다

chapter

3 ATmega128 개요 및 컴파일러 사용법

이번 장에서는 8비트 마이크로 컨트롤러인 ATmega128의 특징과 그 개요 및 입출력 장치 들에 대해 간략히 설명한다.

3.1 ATmega128의 구조와 기능

3.1.1 ATmega128의 특징

ATmega128은 8비트 저전력 마이크로프로세서로서 다음과 같은 특징을 지닌다.

- 고성능 저 소비전력형 8비트 마이크로컨트롤러
- 진보된 RISC* 구조
  - 133개의 명령 세트로 구성되며 대부분 1클럭 사이클에서 실행된다.
  - 32개의 8비트 범용 레지스터를 가지며, 2사이클에 실행되는 곱셈기와 많은 I/O 제어용 레지스터가 있다.
  - 16MHz에서 16MIPS* 명령처리 속도를 갖는다.
- 비휘발성 프로그램/데이터 메모리
  - ISP* 방식 프로그램용 플래시 메모리 : 128KByte(10,000번 재기록 가능)
  - 4KB의 데이터 저장용 EEPROM*(100,000번 재기록 가능)
  - 4KB의 데이터 저장용 SRAM
  - 최대 64KB의 데이터 메모리 인터페이스 가능
- 내장 메모리의 프로그래밍과 온칩 디버그 기능 수행을 위해 JTAG* 인터페이스 기능

- 6개의 8비트 병렬 I/O 포트 및 1개의 5비트 병렬 I/O 포트
- 2개의 8비트 타이머/카운터와 2개의 16비트 타이머/카운터
- 8채널 10비트 A/D 컨버터
- 2개의 USART* 직렬통신 포트
- SPI* 및 TWI* 직렬통신 포트
- 리셋 벡터와 8개의 외부 인터럽트를 포함한 총 35개의 인터럽트 벡터

■ RISC(Reduced Instruction Set Computer) : 비교적 적은 수의 명령 집합을 신속하고 효율적으로 처리하도록 설계된 마이크로프로세서, 또는 이러한 마이크로프로세서의 설계 기법. 명령의 수를 줄임으로써 제어기능을 단순화하여 하드웨어의 설계를 쉽게 하고, 처리 속도의 고속화를 실현하는 것을 주안점으로 한 것임

■ MIPS(Million Instructions Per Second) : 컴퓨터의 수행 속도를 나타내는 단위의 하나로, 1초에 100만 개의 명령을 수행할 수 있는 능력. 전형적인 슈퍼컴퓨터는 100~1,000 MIPS의 수행 속도를 가지며, 대개의 대형 컴퓨터와 소형 컴퓨터는 수 내지 수십 MIPS 단위임

■ ISP(In-System Programming) : 칩내에 프로그램 코드용으로 플래시 메모리를 내장하고 여기에 사용자 프로그램을 쉽게 다운로드 하는 방식

■ EEPROM(Electrically Erasable and Programmable Read Only Memory) : 전원 없이도 장기간 안정적으로 기억하는 비휘발성 기억 장치

■ JTAG(Joint Test Action Group) : boundary-scan이라는 데이터 전송 포맷으로 컴퓨터와 반도체 소자를 연결하여 온칩 디버깅, 비휘발성 메모리에 대한 ISP, PCB 테스트 등을 수행하는 인터페이스 기술

■ USART(Universal Synchronous and Asynchronous Receiver and Transmitter) : 동기 및 비동기 전송 모드에서 모두 전이중 통신이 가능하고, 멀티 프로세서 통신 모드로 동작하는 것도 가능하며, 높은 정밀도의 보레이트(Baud Rate) 발생기를 내장하고 있음

■ SPI(Serial Peripheral Interface) : Motorola사에 의하여 개발된 근거리용 직렬통신 규격으로서, 4개의 통신선을 사용하는 고속 동기식 직렬통신 방식

■ TWI(Two-Wire Serial Interface) : 필립스사에서 제안한 근거리용 표준 직렬통신 방식으로서 2개의 선을 이용하여 항상 마스터와 슬레이브 사이에서 직렬로 데이터 송수신 가능

3.1.2 ATmega128의 외부구조

[그림 3.1]은 ATmega128의 외부구조 및 핀 배열을 나타낸 그림이다.

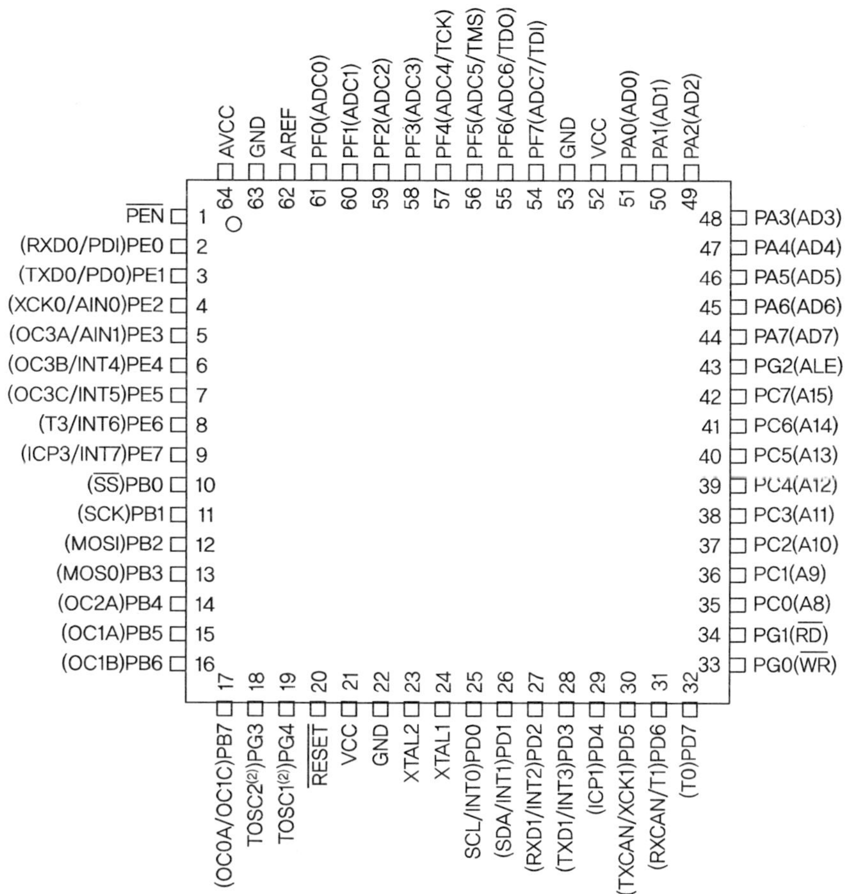

[그림 3.1] ATmega128의 외부구조 및 핀 배열

3.1.3 ATmega128의 외부핀

[표 3.1]은 ATmega128의 외부 핀의 신호이름과 핀 번호, 그리고 핀의 기능을 나타낸다.

[표 3.1] ATmega128의 외부 핀 요약

신호 이름	핀 번호	기 능
VCC GND	21, 52 22, 53	Digital Supply Voltage : 회로의 +5V 전원 Circuit Ground : 회로의 전원 접지
AVCC AGND AREF	64 63 62	Analog Supply Voltage : A/D 컨버터의 전원전압 Analog Ground : AVCC에 대한 전원 접지(반드시 GND와 접속할 것) Analog Reference Voltage : A/D 컨버터의 기준전압
XTAL1, XTAL2	24, 23	내부 클럭발생 증폭회로의 입력, 출력 신호
NC	1	연결하지 말 것
RESET	20	CPU 리셋(최소 50ns의 신호 폭 요구)
PA0(AD0) ~ PA7(AD7)	51 ~ 44	Port A, 외부 데이터 메모리 액세스를 위한 데이터 버스 및 하위 어드레스 버스
PB0 ~ PB7	10 ~ 17	Port B, SPI 입출력 신호 및 출력비교(PWM) 신호 발생
PC0(A8) ~ PC7(A15/CLKO)	35 ~ 42	Port C, 외부 데이터 메모리 액세스를 위한 상위 어드레스 버스
PD0 ~ PD7	25 ~ 32	Port D, TWI 입출력 신호 및 USART1, 입력캡쳐모드 트리거 입력
PE0 ~ PE7	2 ~ 9	Port E, USART0, 직렬통신 동기모드 클럭신호 및 출력비교(PWM), 입력캡쳐모드 트리거 입력
PF0(ADC0) ~ PF7(ADC/TDI)	61 ~54	Port F, ADC 입력 채널 0 ~ 7 및 JTAG 입출력 신호
PG0, PG1, PG2, PG3, PG4	33, 34, 43, 18, 19	Port G, 외부 데이터 메모리 영역에서 읽기와 쓰기 Strobe 신호, 어드레스 레치 인에이블 신호, 타이머/카운터 0의 RTC(Real-Time Clock) 기능을 사용할 경우 클럭발생을 위한 수정 발진자 접속 단자

3.1.4 ATmega128의 내부 구조

[그림 3.2]는 ATmega128의 내부 구조도를 나타낸다.

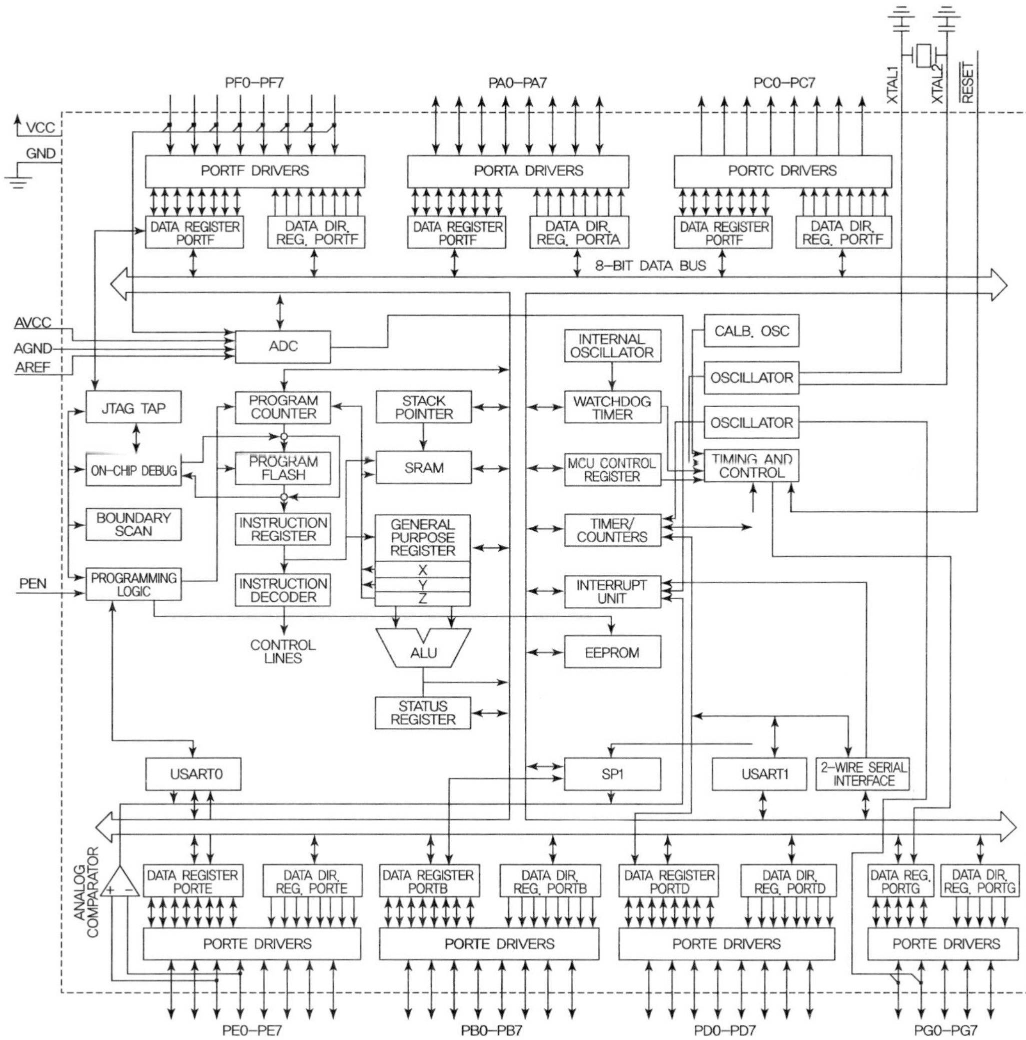

[그림 3.2] ATmega128의 내부 구조

(1) CPU 코어

[그림 3.3]은 CPU 코어의 블록 다이어그램을 나타내며 구성요소는 다음과 같다.

- 프로그램 카운터(Program Counter)가 지시하는 플래시 메모리 번지에서 명령을 인출하고 해독하는 명령 레지스터(Instruction Register) 및 명령 해독기(Instruction Decoder) 부분과 ALU(Arithmetic and Logic Unit)
- 32개의 범용 레지스터, 상태 레지스터, 스택 포인터 등의 명령처리 관련 부분
- 데이터 메모리 및 인터럽트 처리기 등

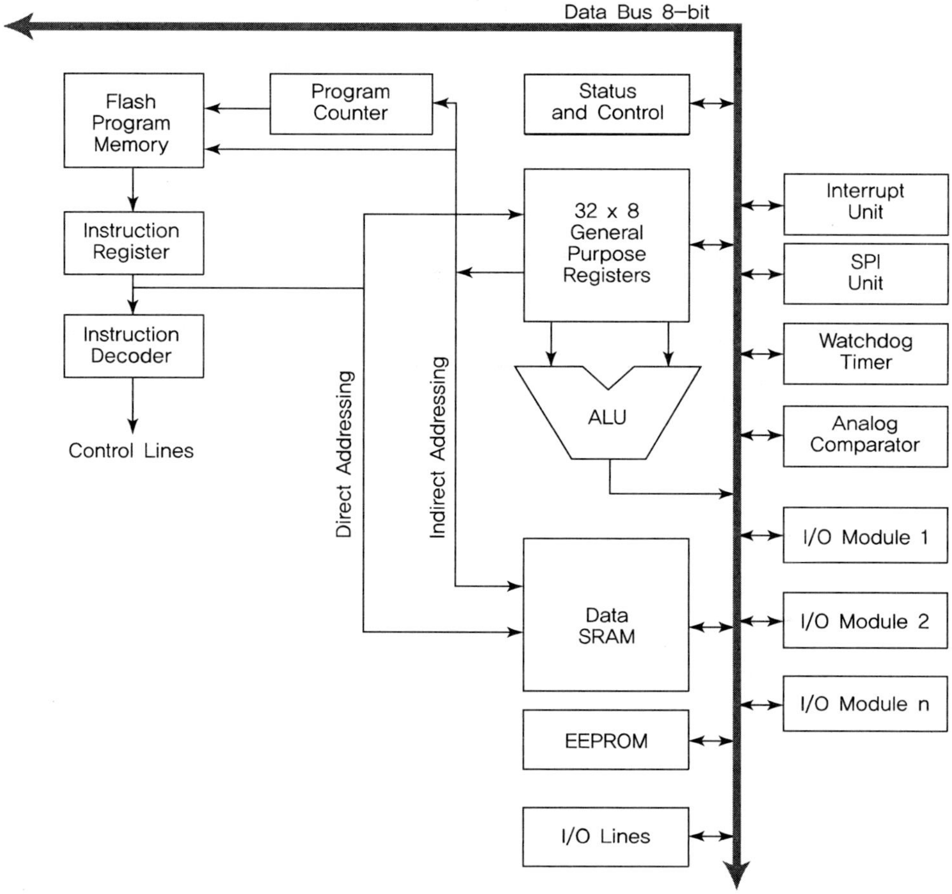

[그림 3.3] CPU 코어 다이어그램

(2) 프로그램 메모리

- 8비트씩 2개가 합쳐져 기본적으로 1개의 번지가 16비트로 구성된다.
- 내부 프로그램 메모리(플래시 메모리)는 부트로더 섹션과 응용 프로그램 섹션의 두 가지 영역으로 나눠진다.
- ATmega128은 하버드 구조에 따른 2단계 파이프라인 처리방식으로 프로그램 명령을 인출하고 실행하며 이러한 동작을 [그림 3.4]에 보였다.
- 1 사이클에 동작하는 ALU동작을 [그림 3.5]에서 나타냈다.

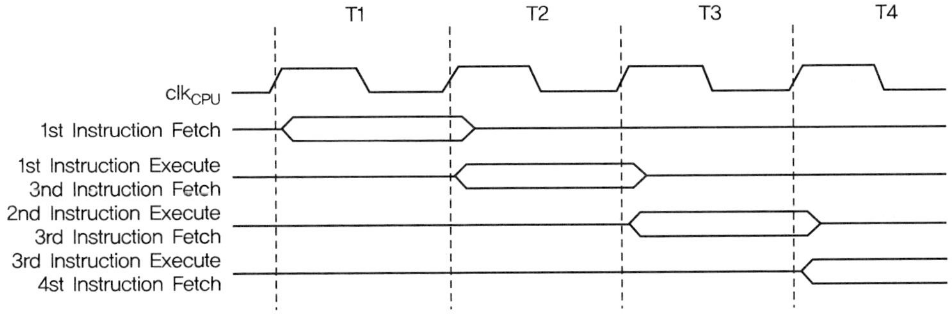

[그림 3.4] 명령의 인출과 실행을 동시에 처리하는 파이프라인 처리동작

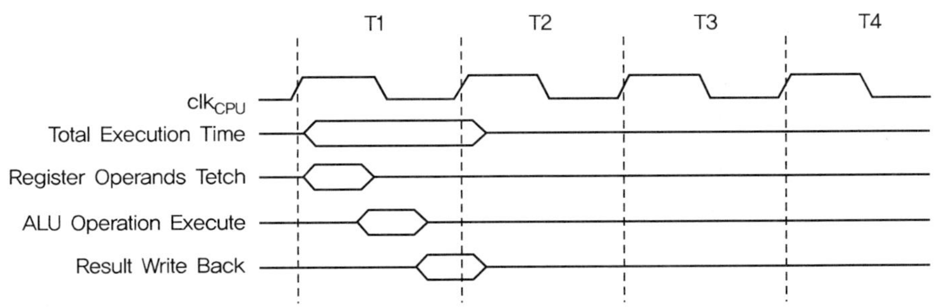

[그림 3.5] 1사이클에 처리되는 ALU

(3) 범용 레지스터 R0～R31

ATmega128은 별도의 누산기 없이 32개의 8비트 범용 레지스터 R0～R31을 [그림 3.6]과 같이 가지고 있다. 즉치(immediate) 데이터를 사용하는 일부의 연산명령은 R16～R31에서만 수행되며, R26～R31은 각각 2개씩 합쳐서 3개의 16비트 레지스터인 X레지스터, Y레지스터, Z레지스터로 사용될 수도 있다(이 레지스터들은 주로 데이터 메모리의 16비트 어드레스를 간접 지정하는 어드레스 포인터로 사용 됨).

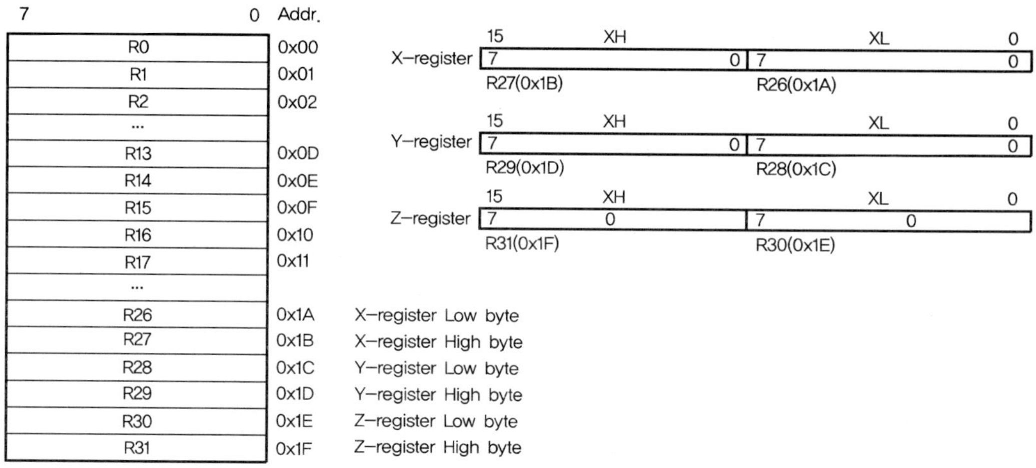

[그림 3.6] 범용 레지스터 R0~R31과 X,Y,Z 레지스터

(4) 상태 레지스터 (Status Register)

상태 레지스터는 가장 최근에 실행된 산술 연산명령의 결과에 대한 상태를 나타내며 SREG로 표시된다. 상태 레지스터의 각 비트들은 개별적인 기능을 가지고 있는데 [그림 3.7]과 [표 3.2]에 설명되었다.

Bit	7	6	5	4	3	2	1	0	
	I	T	H	S	V	N	Z	C	SREG
Read/Write	R/W	R/W	R/W	R/W	R/W	R/W	R/W	R/W	
Initial Value	0	0	0	0	0	0	0	0	

[그림 3.7] 상태 레지스터 SREG

[표 3.2] 상태 레지스터 SREG의 각 비트 기능

비트 이름	기 능
Bit 7 – I	Global Interrupt Enable : 전체적으로 인터럽트를 허용한다.
Bit 6 – T	Bit Copy Storage : 비트 복사가 가능하다.
Bit 5 – H	Half Carry Flag : 산술연산의 가산에서 half carry가 발생하거나 감산에서 half borrow가 발생했음을 나타낸다.
Bit 4 – S	Sign Bit : 플래그 N과 플래그 V의 XOR로 결정되는 값을 저장한다.
Bit 3 – V	Two's Complement Overflow Flag : 2의 보수 연산에서 자리넘침(overflow)이 발생했음을 나타낸다.
Bit 2 – N	Negative Flag : 산술연산 및 논리연산 결과 최상위 비트가 1로 되었으므로 2의 보수 표현법을 사용하는 경우 연산결과가 음수라는 것을 나타낸다.
Bit 1 – Z	Zero Flag : 산술연산 및 논리연산 결과 0이 되었음을 나타낸다.
Bit 0 – C	Carry Flag : 산술연산의 가산 및 논리연산 결과 자리올림(carry)가 발생했음을 나타낸다.

(5) 스택 포인터

- 스택(stack)에는 서브루틴 호출이나 인터럽트 발생 시 복귀주소가 저장되며, C언어 프로그램에서 지역변수가 저장된다.
- 스택 포인터는 스택의 상단을 가리키는 16비트 레지스터로서 SP라고 표시되는데, 이는 데이터 저장이 가능한 스택의 번지를 의미한다.
- 자료의 삽입과 삭제가 일어나는 곳을 스택의 톱(top)이라고 하며 자료를 스택에 넣는 것을 푸시(push), 스택에서 자료를 꺼내는 것을 팝(pop)이라고 한다.
- PUSH 명령을 사용하면 1바이트의 데이터를 SP가 가리키는 스택 메모리 번지에 저장하고 나서 SP값을 1만큼 감소시킨다.
- 반대로 POP 명령을 사용하면 먼저 SP값을 1만큼 증가시킨 후에 SP가 가리키는 스택 메모리 번지에서 1바이트의 데이터를 꺼낸다.

Bit	15	14	13	12	11	10	9	8	
	SP15	SP14	SP13	SP12	SP11	SP10	SP9	SP8	SPH
	SP7	SP6	SP5	SP4	SP3	SP2	SP1	SP0	SPL
	7	6	5	4	3	2	1	0	
Read/Write	R/W	R/W	R/W	R/W	R/W	R/W	R/W	R/W	
	R/W	R/W	R/W	R/W	R/W	R/W	R/W	R/W	
Initial Value	0	0	0	0	0	0	0	0	
	0	0	0	0	0	0	0	0	

[그림 3.8] 스택 포인터 SP

(6) RAMPZ 레지스터

RAMPZ(RAM Page Z Select) 레지스터는 ATmega128 내부의 플래시 프로그램 메모리에서 64KB 단위로 구분되는 2개의 페이지 중에서 어느 것을 사용할지를 지정하는 역할을 수행한다. 이 레지스터에서는 최하위 비트 1개만을 사용하는데, RAMPZ0을 0으로 설정하면 프로그램 메모리는 페이지 0 영역(0x0000~0x7FFF)의 하위 64KB가 액세스된다. 반면에 RAMPZ0을 1로 설정하면 페이지 1 영역(0x8000~0xFFFF)의 상위 64KB가 액세스된다. [그림 3.9]는 RAMPZ 레지스터의 속성을 보인다.

Bit	7	6	5	4	3	2	1	0	
	–	–	–	–	–	–	–	RAMPZ0	RAMPZ
Read/Write	R	R	R	R	R	R	R	R/W	
Initial Value	0	0	0	0	0	0	0	0	

[그림 3.9] RAMPZ 레지스터

(7) 프로그램 메모리

- ATmega128은 128KB의 플래시 메모리를 가지며, 8비트 마이크로 콘트롤러이지만 이 프로그램 메모리는 각 번지가 16비트 구조로 되어 있어서 64K×16비트의 용량을 가진다.
- 각 명령은 프로그램 메모리 1~2개의 번지를 차지하며, [그림 3.10]과 같이 부트 프로그램 섹션(부트로더 섹션)과 응용 프로그램 섹션으로 나뉘어서 사용될 수 있다.
- 이 플래시 메모리는 SPI 직렬통신을 이용한 ISP 기능을 가지고 있어서 사용자가 작성한 프로그램을 쉽게 다운로드하여 쓰기를 수행할 수 있다.
- 사용자 프로그램은 플래시 메모리에 10,000번까지 재기입이 가능하다. 플래시 메모리에 프로그램을 기입하는 방법은 SPI외에도 JTAG 에뮬레이터를 사용하는 방법과 병렬 프로그래밍(Parallel Programming)의 방법이 있다.

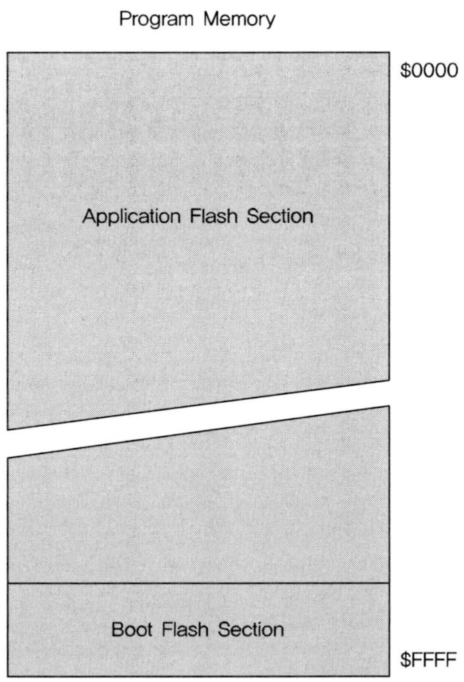

[그림 3.10] 프로그램 메모리

(8) 데이터 메모리

- ATmega128의 데이터 메모리는 [그림 3.11]에서 보듯이 SRAM(내부 데이터 메모리), 외부확장 데이터 메모리, 내부 EEPROM으로 크게 나뉜다.
- EEPROM을 제외한 모든 데이터 메모리는 데이터 메모리 액세스용 어드레스 0x0000-0xFFFF번지에 맵핑되어 있다.
- 메모리 영역
  - 0x0000~0x001F번지 : 범용 레지스터 영역
  - 0x0020~0x005F번지 : 각종 입출력 장치들을 제어하기 위한 레지스터로서 이것들을 액세스하는 데는 IN/OUT 명령어가 사용됨
  - 0x0060~0x00FF번지 : 확장 입출력 레지스터 영역으로 IN/OUT 명령어를 사용할 수 없고 외부 데이터 메모리처럼 LD/LDS 및 ST/STS/STD 명령어만 사용 가능
  - 0x0100~0x10FF번지 : 4096개 번지를 내부 SRAM으로 사용함. 16비트 즉치 데이터에 의한 번지 값을 지정하여 액세스하거나 X, Y, Z 레지스터를 사용하여 간접지정으로 액세스함

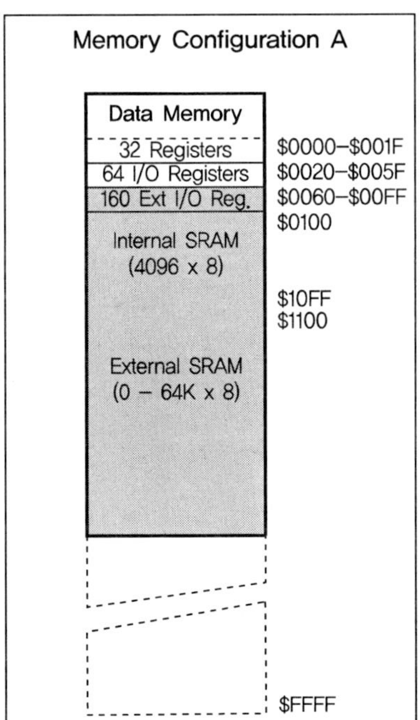

[그림 3.11] 데이터 메모리

- I/O 레지스터는 ATmega128에 내장된 각종 입출력 장치들을 제어하기 위한 레지스터로서 이에 접근하는 데에 IN/OUT 명령어를 사용한다.
- 확장 I/O레지스터는 ATmega128에 새로 추가된 각종 입출력 장치들을 제어하기 위한 레지스터로서 이에 접근하기 위해서는 외부 데이터 메모리처럼 LD/LDS/LDD 및 ST/STS/STD 명령어만을 사용해야 한다.

(9) EEPROM 사용법

비휘발성 데이터 메모리인 EEPROM은 4KB가 내장되어 있으며 다른 메모리 주소와 별개로 0x0000~0x0FFF 번지에 할당되어 있다. [그림 3.12], [그림 3.13], [그림 3.14]에서 보이듯이 EEPROM 어드레스 레지스터, EEPROM 데이터 레지스터 및 EEPROM 제어 레지스터 등을 사용하여 EEPROM을 1바이트씩 액세스할 수 있다.

■ EEAR(EEPROM Address Register)

Bit	15	14	13	12	11	10	9	8	
	–	–	–	–	EEAR11	EEAR10	EEAR9	EEAR8	EEARH
	EEAR7	EEAR6	EEAR5	EEAR4	EEAR3	EEAR2	EEAR1	EEAR0	EEARL
	7	6	5	4	3	2	1	0	
Read/Write	R	R	R	R	R/W	R/W	R/W	R/W	
	R/W	R/W	R/W	R/W	R/W	R/W	R/W	R/W	
Initial Value	0	0	0	0	X	X	X	X	
	X	X	X	X	X	X	X	X	

[그림 3.12] EEPROM 어드레스 레지스터 EEAR

- EEAR은 접근할 EEPROM의 주소를 지정하는 레지스터이다.
- 비트 〈15:12〉는 사용되지 않고 항상 0으로 판독한다.
- 비트 〈11:00〉은 EEARH, EEARL로 되어 있고 2048바이트의 EEPROM 주소를 지정한다.
- EEAR이 지정하는 EEPROM 주소는 0에서 2046번지까지이다.

■ EEDR(EEPROM Data Register)

Bit	7	6	5	4	3	2	1	0	
	MSB							LSB	EE0R
Read/Write	R/W	R/W	R/W	R/W	R/W	R/W	R/W	R/W	
Initial Value	0	0	0	0	0	0	0	0	

[그림 3.13] EEPROM 데이터 레지스터 EEDR

- EEDR은 EEPROM에 데이터 쓰기 시 EEAR에 의해서 지정된 번지에 Write할 데이터를 일시 보존한다.
- EEDR은 EEPROM의 데이터 읽기 시 EEAR에 의해서 지정된 번지에서 Read한 데이터를 일시 보존한다.

■ EECR(EEPROM Control Register)

Bit	7	6	5	4	3	2	1	0	
	–	–	–	–	EERIE	EEMWE	EEWE	EERE	EECR
Read/Write	R	R	R	R	R/W	R/W	R/W	R/W	
Initial Value	0	0	0	0	0	0	X	0	

[그림 3.14] EEPROM 제어 레지스터 EECR

- EECR은 EEPROM 데이터 메모리에 Write 또는 Read할 때 제어기능을 하는 레지스터이다.
- 비트별 기능
  - 비트 3–EERIE(EEPROM Ready Interrupt Enable) : 이 비트를 1로 set하면 벡터주소 $002C의 EEPROM Ready 인터럽트가 개별적으로 허용되고, 0으로 clear 하면 인터럽트가 금지된다.
  - 비트 2–EEMWE(EEPROM Master Write Enable) : 이 비트가 1로 set되고 4클럭 내에 EEWE 비트가 1이 될 때에 한해서, 정해진 EEPROM 주소에 기록이 된다. 이 비트가 0이면 EEWE가 1일지라도 기록은 이루어지지 않는다.
  - 비트 1–EEWE(EEPROM Write Enable) : 이 비트를 1로 set하면 EEPROM에 기록이 이루어진다. 그러므로 기록할 주소와 데이터가 준비되면 EEWE 비트를 1로 set시켜야 기록이 이루어진다.
  - 비트 0–EERE(EEPROM Read Enable) : 이 비트는 EEPROM에 데이터를 읽기 위한 Strobe 신호를 준다. 그리고 이 비트가 하드웨어에 의해서 자동으로 클리어될 때 요청한 데이터가 EEDR 레지스터에 판독된다.

■ EEPROM의 Write 동작

- EEWE 비트가 0이 될 때까지 기다린다.
- SPMSCR 레지스터의 SPMEN 비트가 0으로 될 때까지 기다린다(플래시 메모리 기록이 허용된 경우는 제외).
- EEAR에 EEPROM 주소를 쓴다.
- EEDR에 EEPROM 데이터를 쓴다.

- EECR에서 EEWE = 0, EEMWE = 1로 설정한다.
- 4클럭 사이클 내에 EEWE 비트를 1로 설정한다.

■ **EEPROM의 Read 동작**

- 앞의 Write 동작이 완료되어 EEWE = 0으로 될 때까지 기다린다.
- Read할 EEPROM 어드레스를 EEAR 레지스터에 쓴다.
- EECR에서 EERE = 1로 설정한다.
- EEPROM 데이터를 EEDR로부터 읽는다.

(10) 어드레싱 모드(addressing mode)

ATmega128의 명령에서는 다음과 같이 10가지 종류의 어드레싱 모드를 사용한다.

■ **즉치 데이터 번지 지정(Immediate Addressing)**

- 오퍼랜드(피연산자)를 명령어 일부로 포함하고 있는 방식이다.

ⓔ 8비트 즉치 데이터를 사용하는 경우

LDI Rd, imm8　　　　; Rd ← imm8

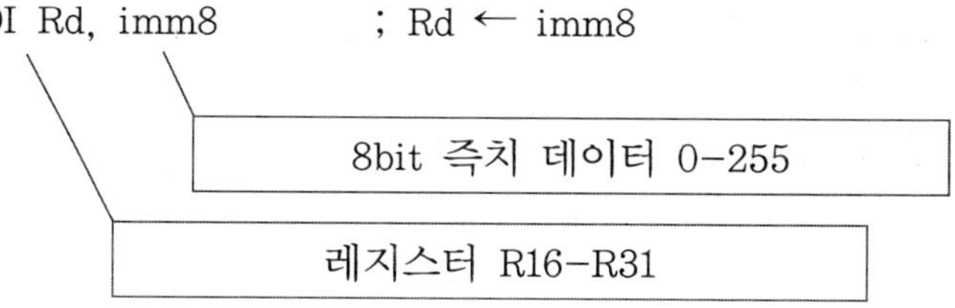

ⓔ 16비트 즉치 데이터를 사용하는 경우

ADIW Rd, imm16　　　; Rd+1:Rd ← Rd+1: Rd + imm16

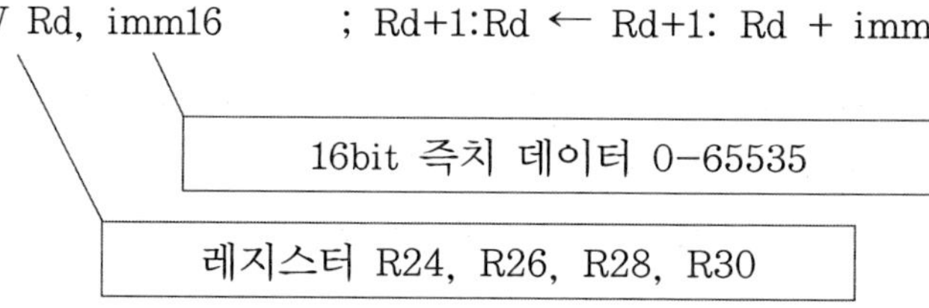

■ **I/O 직접 번지 지정(I/O Direct Addressing)**

- 오퍼랜드로서 64개의 I/O 레지스터중의 하나를 사용하는 방식이다.
- 기계어 코드에서 6비트의 어드레스로 지정되는데, 실제의 I/O 레지스터를 액세스할 때는 이 6비트 값에 0x20을 더하여 처리한다.

예 입출력 명령

```
IN    Rd, port        ; Rd ← (port)
OUT   port, Rr        ; (port) ← Rr
```

I/O 포트 0-63

예 비트 클리어/셋트 명령

```
CBI   port32, b       ; (port32)b ← 0
SBI   port32, b       ; (port32)b ← 1
```

I/O 포트 0-31

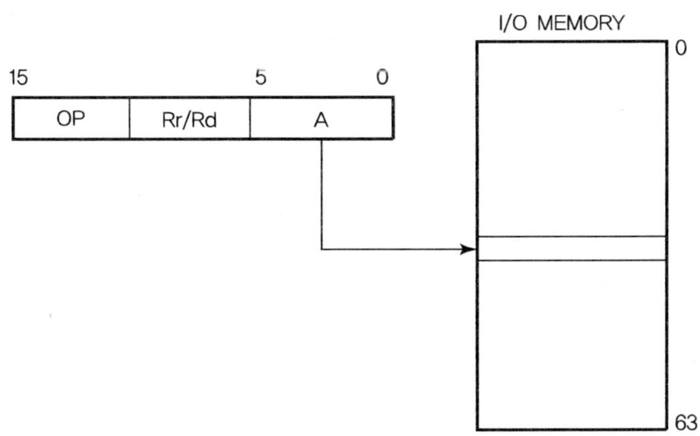

[그림 3.15] I/O 직접번지 지정

■ **레지스터 직접번지 지정(Register Direct Addressing)**

오퍼랜드로서 32개의 범용 레지스터 R0~R31 중의 하나를 사용하는 방식이다.

예 Destination operand에 사용되는 경우

```
LDI  Rd, imm8         ; Rd ← imm8
```

레지스터 R16-R31

예 Source operand에 사용되는 경우

STS addr16, Rr ; (addr16) ←Rr

레지스터 R0–R31

예 Source와 Destination operand에 모두 사용되는 경우

ADD Rd, Rr ; Rd ← Rd + Rr

레지스터 R0–R31

레지스터 R0–R31

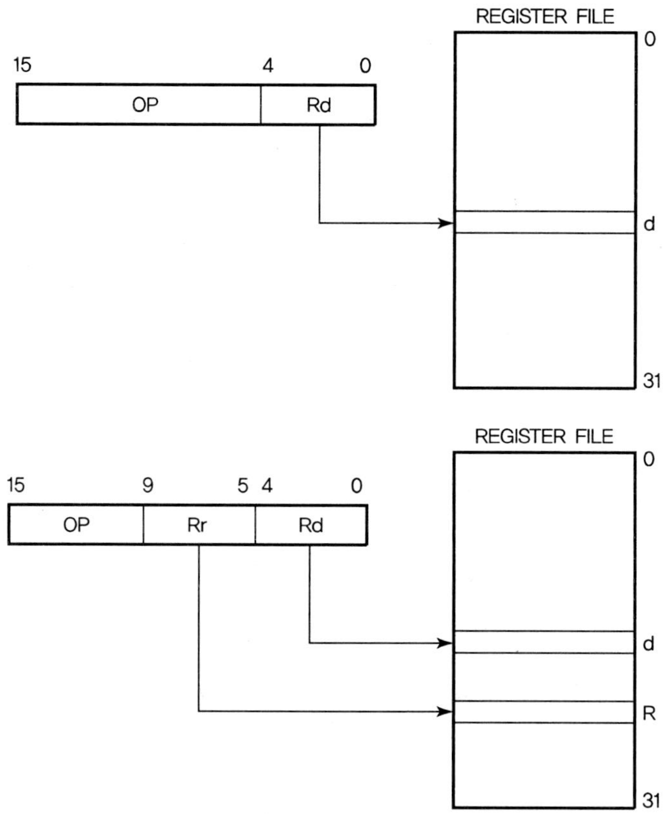

[그림 3.16] 레지스터 직접번지 지정

■ **데이터 직접 번지 지정(Data Direct Addressing)**

- 오퍼랜드로서 데이터 메모리 영역을 16비트 어드레스 값으로 직접 지정하는 방법이다.
- 16비트 데이터 메모리 번지 영역은 아래 영역을 모두 포함한다.
  - 32개의 범용 레지스터 영역
  - 64개의 I/O 레지스터 영역
  - 160개의 확장 I/O 레지스터 영역
  - 4KB의 내부 SRAM 영역
  - 외부 데이터 메모리 영역
- 이 어드레싱 모드는 LDS/STS 명령에서만 사용한다.

예 Source operand에 사용되는 경우

LDS Rd, addr16 ; Rd ← (addr16

16bit 어드레스 0-65535

예 Destination operand에 사용되는 경우

STS addr16, Rr ; (addr16) ← Rr

16bit 어드레스 0-65535

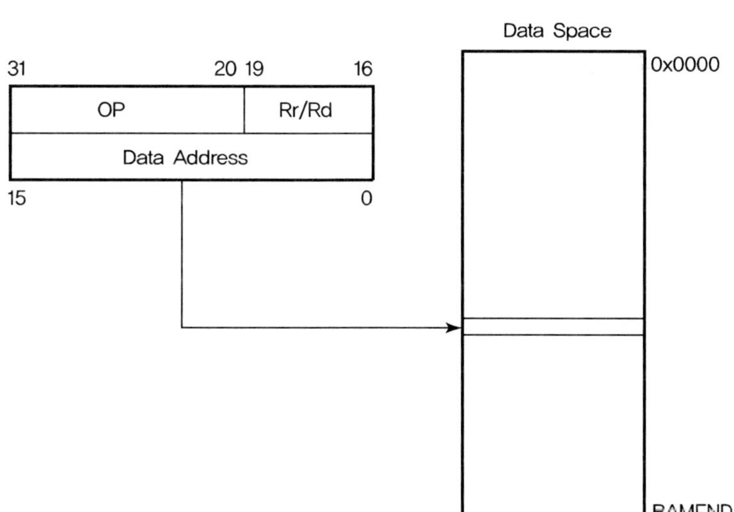

[그림 3.17] 데이터 직접 번지 지정

■ **데이터 간접 번지 지정(Data Indirect Addressing)**

- 오퍼랜드로서 데이터 메모리 영역을 16비트 어드레스 포인터인 X, Y, Z 레지스터를 사용하여 간접 지정하는 방법
- 16비트 데이터 메모리 번지 영역은 아래 영역을 모두 포함한다.
  - 32개의 범용 레지스터 영역
  - 64개의 I/O 레지스터 영역
  - 160개의 확장 I/O 레지스터 영역
  - 4KB의 내부 SRAM 영역
  - 외부 데이터 메모리 영역
- 이 어드레싱 모드는 LD/ST 명령에서만 사용한다.

예 Source operand에 사용되는 경우

```
LD    Rd, X        ; Rd ←(X)
```

X, Y, Z 레지스터 (0–65535)

예 Destination operand에 사용되는 경우

```
ST    X, Rr        ; (X) ← Rr
```

X, Y, Z 레지스터 (0–65535)

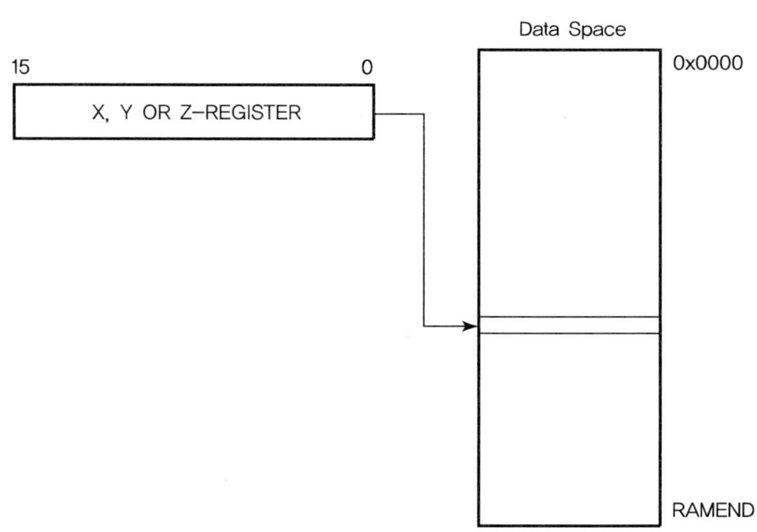

[그림 3.18] 데이터 간접 번지 지정

■ **동작 후에 자동증가 기능이 있는 데이터 간접 번지 지정(Data Indirect Addressing with Post-increment)**

- 데이터 간접 번지 지정과 동일하지만 동작을 수행한 후에 이 명령에서 지정된 X, Y, Z 레지스터를 1만큼 증가시켜 두는 기능을 추가적으로 가지는 방법이다.
- 번지를 증가시키면서 데이터 메모리 영역을 연속적으로 읽거나 쓰는 동작에 유용하다.
- 이 어드레싱 모드는 LD/ST 명령에서만 사용한다.

예 Source operand에 사용되는 경우

```
LD    Rd, X+        ; Rd ← (X), X ← X + 1
          \
           [      X, Y, Z 레지스터      ]
```

예 Destination operand에 사용되는 경우

```
ST    X+, Rr    ; (X) ← Rr, X ← X + 1
       \
        [      X, Y, Z 레지스터      ]
```

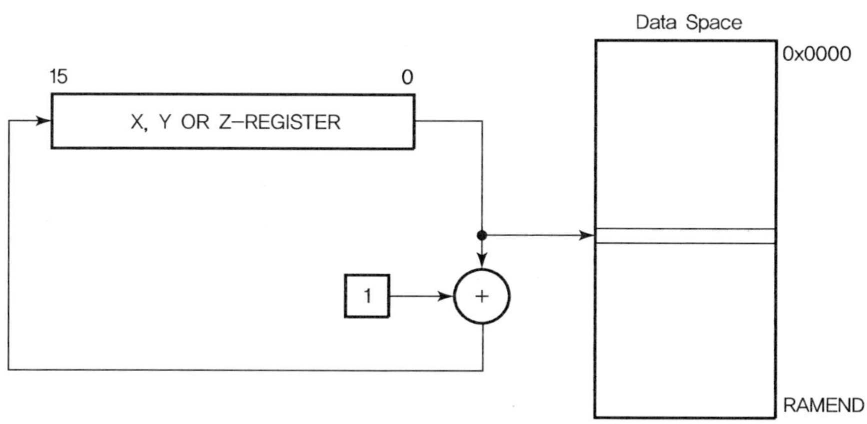

[그림 3.19] 자동증가 기능이 있는 데이터 간접 번지 지정

■ **동작 전에 자동감소 기능이 있는 데이터 간접 번지 지정(Data Indirect Addressing with Pre-decrement)**

- 데이터 간접 번지 지정과 동일하지만 동작을 수행하기 전에 이 명령에서 지정된 X, Y, Z 레지스터를 1만큼 감소시키는 기능을 추가적으로 가지는 방법

- 번지를 감소시키면서 데이터 메모리 영역을 연속적으로 읽거나 쓰는 동작에 유용하다.
- 이 어드레싱 모드는 LD/ST 명령에서만 사용한다.

예 Source operand에 사용되는 경우

```
LD    Rd -X        ; X ← X - 1, Rd ← (X)
```

X, Y, Z 레지스터

예 Destination operand

```
ST   -X, Rr   ; X ← X - 1, (X) ← Rr
```

X, Y, Z 레지스터

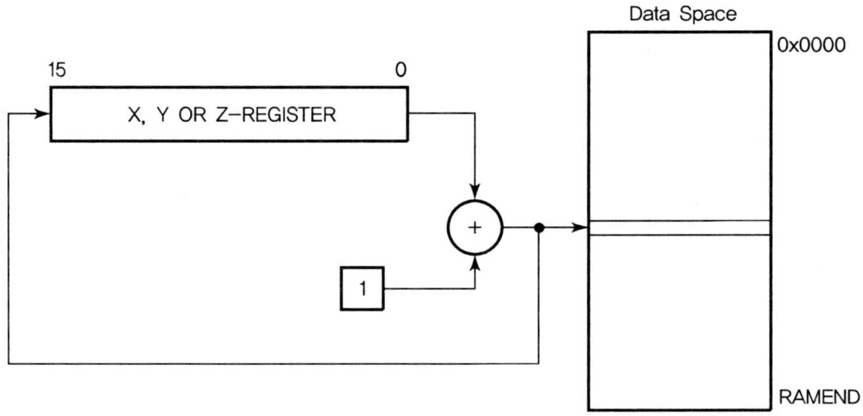

[그림 3.20] 자동감소 기능이 있는 데이터 간접 번지 지정

■ **변위가 있는 데이터 간접 번지 지정(Data Indirect Addressing with Displacement)**

- 데이터 간접 번지 지정과 유사하지만 어드레스 포인터로서 Y, Z 레지스터에 변위를 합하여 사용하는 방법이다.
- 베이스 레지스터로는 Y 레지스터와 Z 레지스터만을 사용할 수 있다.
- 변위(displacement)는 6비트 양의 정수로 표현되어 0~63 범위를 사용할 수 있다.
- 이 어드레싱 모드는 LDD/STD 명령에서만 사용한다.

예 Source operand에 사용되는 경우

```
LDD    Rd, Y+q        ; Rd ← (Y + q)
```

Y, Z 레지스터

예 Destination operand에 사용되는 경우

```
STD    Y+q, Rr        ; (Y + q) ← Rr
```

Y, Z 레지스터

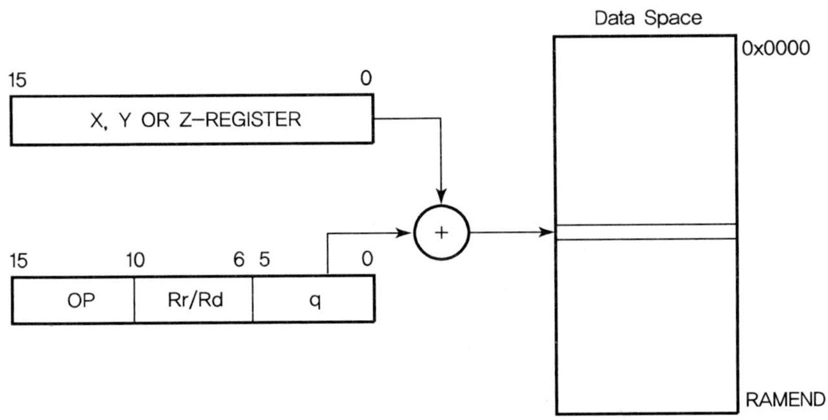

[그림 3.21] 변위가 있는 데이터 간접 번지 지정

■ **프로그램 메모리 상수 번지 지정(Program Memory Constant Addressing)**

- 어드레스 포인터로서 Z 레지스터를 사용하여 프로그램 메모리 영역의 상수를 액세스하는 방법이다.
- 프로그램 메모리는 64K×16비트의 구조를 가지고 있지만, 이 어드레싱 모드에서는 상수를 바이트 단위로만 엑세스하므로 프로그램 메모리를 128K×8비트의 구조로 간주한다.
- 16비트인 Z 레지스터는 프로그램 메모리를 64K×8비트 용량의 2개 페이지로 구분하여 사용하게 된다.
- 이 어드레싱 모드는 LPM/ELPM/SPM 명령에서만 사용한다.

예 LPM 명령의 경우

```
LPM           ; R0 ← (Z)
LPM  Rd, Z    ; Rd ← (Z)
```

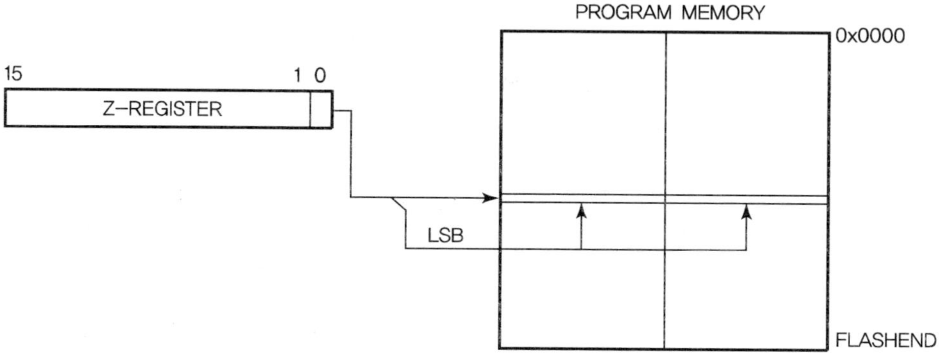

[그림 3.22] 프로그램 메모리 상수

■ **자동증가 기능이 있는 프로그램 메모리 상수 번지 지정(Program Memory Constant Addressing with Post-increment)**

- 프로그램 메모리 상수 번지 지정과 동일하지만 동작 후에 Z 레지스터를 1만큼 증가시켜 두는 기능을 추가로 가지고 있는 방법이다.
- 이 어드레싱 모드는 LPM/ELPM 명령에서만 사용한다.

예 LPM 명령의 경우

```
LPM  Rd, Z+      ; Rd ← (Z), Z ← Z + 1
```

3.2 ATmega128의 내장 I/O 기능

이 절에서는 ATmega128에 내장되어 있는 병렬 I/O 포트의 구조와 기능에 대해 설명한다.

3.2.1 병렬 I/O 포트

(1) 기본 구조

ATmega128은 모두 6개의 8비트 양방향 병렬 I/O 포트(Port A~Port F)와 1개의 5비트 양방향 병렬 I/O 포트(Port G)를 가지고 있다. 각 포트는 High(H) 상태의 입력전류 드라이브(source drive) 능력이나 Low(L) 상태의 출력전류 드라이브(sink drive) 능력이 대칭적이며, 최대 구동전류가 40mA정도이므로 LED를 직접 구동할 수 있다. 각 I/O 핀에는 [그림 3.23]과 같이 보호용 다이오드가 붙어있으며, 내부 풀업저항(20kΩ~100kΩ)의 사용 여부를 선택적으로 설정할 수 있다.

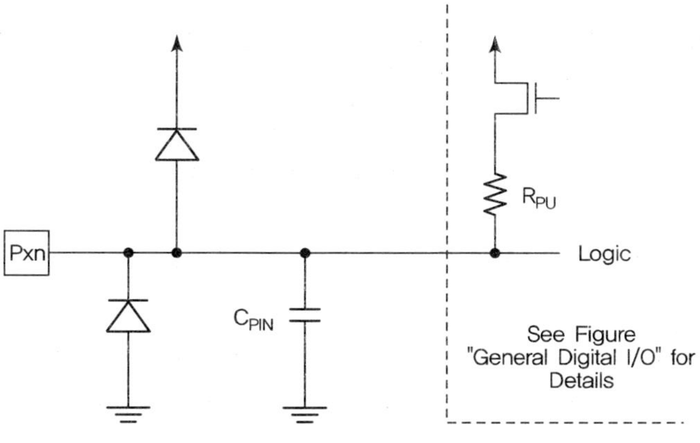

[그림 3.23] 병렬I/O핀의 구조

각 포트에는 다음과 같이 3개의 I/O 레지스터 영역을 가지고 있다.

- DDRx 레지스터 : 입출력의 방향을 설정(읽고 쓰기 가능)
- PORTx 레지스터 : 데이터 출력(읽고 쓰기 가능)
- PINx 레지스터 : 포트 입력 핀에 해당(읽기만 가능)

[그림 3.24]는 각 포트에 관련된 레지스터들을 보인다.

Bit	7	6	5	4	3	2	1	0	
	PORTA7	PORTA6	PORTA5	PORTA4	PORTA3	PORTA2	PORTA1	PORTA0	PORTA
Read/Write	R/W	R/W	R/W	R/W	R/W	R/W	R/W	R/W	
Initial Value	0	0	0	0	0	0	0	0	

Bit	7	6	5	4	3	2	1	0	
	DDA7	DDA6	DDA5	DDA4	DDA3	DDA2	DDA1	DDA0	DDRA
Read/Write	R/W	R/W	R/W	R/W	R/W	R/W	R/W	R/W	
Initial Value	0	0	0	0	0	0	0	0	

Bit	7	6	5	4	3	2	1	0	
	–	–	–	PING4	PING3	PING2	PING1	PING0	PING
Read/Write	R	R	R	R	R	R	R	R	
Initial Value	0	0	0	N/A	N/A	N/A	N/A	N/A	

Bit	7	6	5	4	3	2	1	0	
	–	–	–	PORTG4	PORTG3	PORTG2	PORTG1	PORTG0	PORTG
Read/Write	R	R	R	R/W	R/W	R/W	R/W	R/W	
Initial Value	0	0	0	0	0	0	0	0	

Bit	7	6	5	4	3	2	1	0	
	–	–	–	DDG4	DDG3	DDG2	DDG1	DDA0	DDRG
Read/Write	R	R	R	R/W	R/W	R/W	R/W	R/W	
Initial Value	0	0	0	0	0	0	0	0	

Bit	7	6	5	4	3	2	1	0	
	PINA7	PINA6	PINA5	PINA4	PINA3	PINA2	PINA1	PINA0	PINA
Read/Write	R	R	R	R	R	R	R	R	
Initial Value	N/A	N/A	N/A	N/A	N/A	N/A	N/A	N/A	

[그림 3.24] 각 병렬 I/O 포트에 관련된 레지스터

병렬 I/O 포트의 각 핀들이 범용 I/O핀으로 동작할 때의 기본적인 하드웨어 구조는 [그림 3.25]와 같다. 여기서 DDxn은 방향설정 레지스터 DDRx의 각 비트로서 이 값이 1이 되면 이 핀은 출력핀으로, 0이 되면 입력핀으로 설정된다. 또한, PORTxn은 출력으로 설정된 포트에 데이터를 출력하는 레지스터 비트이며, 만약 이 핀이 입력으로 설정되어 있는 경우 여기에 1을 출력하면 이 입력 핀에 내부적으로 pull-up 저항이 연결되어 동작한다.

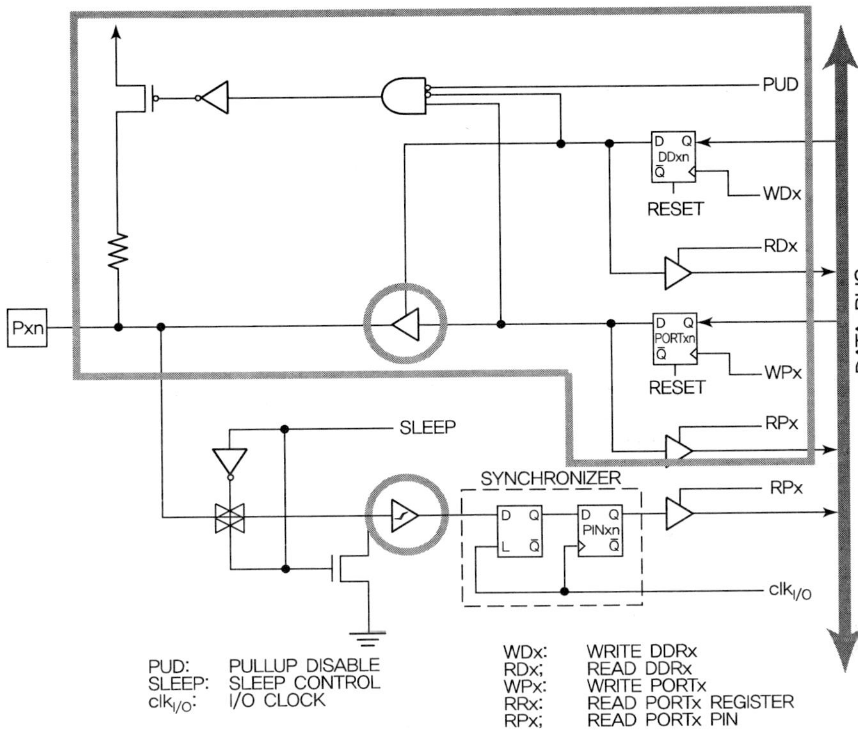

[그림 3.25] 병렬I/O 포트의 기본 구조

(2) 포트 A

포트 A는 범용 I/O 포트 이외에 외부 메모리를 인터페이스하기 위하여 시분할 다중화된 데이터 버스 및 어드레스 버스의 하위바이트로 동작한다. 어드레스 버스를 분리하는 데는 ALE(Address Latch Enable) 신호가 사용된다. [표 3.3]은 포트 A의 부수적인 기능들을 나타낸다.

[표 3.3] 포트 A의 부수적인 기능

포트 핀	부수적인 기능
PA7	AD7(External memory interface address and data bit 7)
PA6	AD6(External memory interface address and data bit 6)
PA5	AD5(External memory interface address and data bit 5)
PA4	AD4(External memory interface address and data bit 4)
PA3	AD3(External memory interface address and data bit 3)
PA2	AD2(External memory interface address and data bit 2)
PA1	AD1(External memory interface address and data bit l)
PA0	AD0(External memory interface address and data bit 0)

(3) 포트 B

포트 B는 범용 I/O 포트 이외에 타이머/카운터나 SPI 기능을 위한 신호들로 동작한다. 포트 B의 부수적인 기능을 요약하면 [표 3.4]와 같다.

[표 3.4] 포트 B의 부수적인 기능

포트 핀	부수적인 기능
PB7	OC2/OC1C(Output Compare and PWM Output for Timer/Counter2 or Output Compare and PWM Output C for Timer/Counter1)
PB6	OC1B(Output Compare and PWM Output B for Timer/Counter1)
PB5	OC1A(Output Compare and PWM Output A for Timer/Counter1)
PB4	OC0(Output Compare and PWM Output for Timer/Counter0)
PB3	MISO(SPI Bus Master Input/Slave Output)
PB2	MOSI(SPI Bus Master Output/Slave Input)
PB1	SCK(SPI Bus Serial Clock)
PB0	SS(SPI Slave Select Input)

(4) 포트 C

포트 C는 범용 I/O 포트 이외에 외부 메모리를 인터페이스하기 위한 어드레스 버스의 상위 바이트 A8~A15로 동작한다. 이를 요약하면 [표 3.5]와 같다.

[표 3.5] 포트 C의 부수적인 기능

포트 핀	부수적인 기능
PC7	A15(External memory interface address bit 15)
PC6	A14(External memory interface address bit 14)
PC5	A13(External memory interface address bit 13)
PC4	A12(External memory interface address bit 12)
PC3	A11(External memory interface address bit 11)
PC2	A10(External memory interface address bit 10)
PC1	A9(External memory interface address bit 9)
PC0	A8(External memory interface address bit 8)

(5) 포트 D

포트 D는 범용 I/O 포트 이외에 타이머/카운터나 외부 인터럽트 또는 USART1, TWI 직렬통신 포트 기능을 위한 신호들로 동작한다.

[표 3.6] 포트 D의 부수적인 기능

포트 핀	부수적인 기능
PD7	T2(Timer/Counter2 Clock Input)
PD6	T1(Timer/Counter1 Clock Input)
PD5	XCK1(USART1 External Clock Input/Output)
PD4	ICP1(Timer/Counter1 Input Capture Pin)
PD3	INT3/TXD1(External Interrupt3 Input or UART1 Transmit Pin)
PD2	INT2/RXD1(External Interrupt2 Input or UART1 Receive Pin)
PD1	INT1/SDA(External interrupt1 Input or TWI Serial Data)
PD0	INT0/SCL(External interrupt0 Input or TWI Serial Clock)

(6) 포트 E

포트 E는 범용 I/O 포트 이외에 타이머/카운터나 외부 인터럽트 또는 USART0 직렬통신 포트, 아날로그 비교기, ISP 기능을 위한 신호들로 동작한다.

[표 3.7] 포트 E의 부수적인 기능

포트 핀	부수적인 기능
PE7	INT7/ICP3(External Interrupt 7 Input or Timer/Counter3 Input Capture Pin)
PE6	INT6/T3(External Interrupt 6 Input or Timer/Counter3 Clock Input)
PE5	INT5/OC3C(External Interrupt 5 Input or Output Compare and PWM Output C for Timer/Counter3)
PE4	INT4/OC3B(External Interrupt 4 Input or Output Compare and PWM Output B for Timer/Counter3)
PE3	AIN1/OC3A(Analog Comparator Negative Input or Output Compare and PWM Output A for Timer/Counter3)
PE2	AIN0/XCK0(Analog Comparator Positive Input or USART0 external clock input/output)
PE1	PDO/TXD0(Programming Data Ouput or UART0 Transmit Pin)
PE0	PDI/RXD0(Programming Data Input or UART0 Receive Pin)

(7) 포트 F

포트 F는 범용 I/O 포트 이외에 A/D컨버터나 JTAG 인터페이스 기능을 위한 신호들로 동작한다.

[표 3.8] 포트 F의 부수적인 기능

포트 핀	부수적인 기능
PF7	ADC7/TDI(ADC input channel 7 or JTAG Test Data Input)
PF6	ADC6/TDO(ADC input channel 6 or JTAG Test Data Output)
PF5	ADC5/TMS(ADC input channel 5 or JTAG Test Mode Select)
PF4	ADC4/TCK(ADC input channel 4 or JTAG Test Clock)
PF3	ADC3(ADC input channel 3)
PF2	ADC2(ADC input channel 2)
PF1	ADC1(ADC input channel 1)
PF0	ADC0(ADC input channel 0)

(8) 포트 G

포트 G는 8비트가 아니라 PG4~PG0의 5비트만 유효하다. 포트 G는 범용 I/O포트 이외에 외부 메모리 인터페이스나 타이머/카운터 기능을 위한 신호들로 동작한다.

[표 3.9] 포트 G의 부수적인 기능

포트 핀	부수적인 기능
PG4	TOSC1(RTC Oscillator Time/Counter0)
PG3	TOSC2(RTC Oscillator Time/Counter0)
PG2	ALE(Address Latch Enable to external memory)
PG1	$\overline{RD}$(Read strobe to external memory)
PG0	$\overline{WR}$(Write strobe to external memory)

3.2.2 Atmega128의 외부 인터페이스

ATmega128 마이크로컨트롤러의 외부 데이터 메모리 영역은 0x0000~0xFFFF 번지의 약 60킬로바이트 영역을 사용할 수 있으며, 이것들은 메모리로서 SRAM이나 각종 외부 I/O 확장에 사용할 수 있다.

이 외부 데이터 메모리 영역은 다음과 같이 여러 가지의 우수한 기능을 가지고 있어서 사용자가 하드웨어를 인터페이스하고 이를 프로그램으로 구동하는데 매우 편리하게 되어 있다.

- 인터페이스 할 소자의 액세스 시간에 적합하도록 소프트웨어적으로 0~3개의 Wait 사이클을 설정할 수 있다.
- 외부 데이터 메모리 영역을 2개의 섹터로 분할할 수 있고, 이들 각각에 대하여 독립적으로 Wait 사이클을 설정할 수 있다.
- 16비트 어드레스의 상위 바이트에 있는 8비트 중에서 필요한 개수만을 어드레스 버스로 동작하게 할 수 있다.
- 데이터 버스의 신호들이 동작할 때 전류 소비량이 감소되도록 버스 키퍼(bus keeper) 기능을 설정하여 사용할 수 있다.

(1) 외부 인터페이스의 기본 동작

ATmega128에서 외부 인터페이스에 사용되는 신호는 A8~A15, AD0~AD7, ALE (Address Latch Enable to external memory), RD, WR 등인데, 이것들은 MCUCR (MCU Control Register) 레지스터로 설정한다. CPU가 외부 데이터 메모리영역인 0x1100~0xFFFF 번지를 액세스하려고 하면 병렬포트와 공용으로 되어 있는 신호들이 자동으로 동작한다.

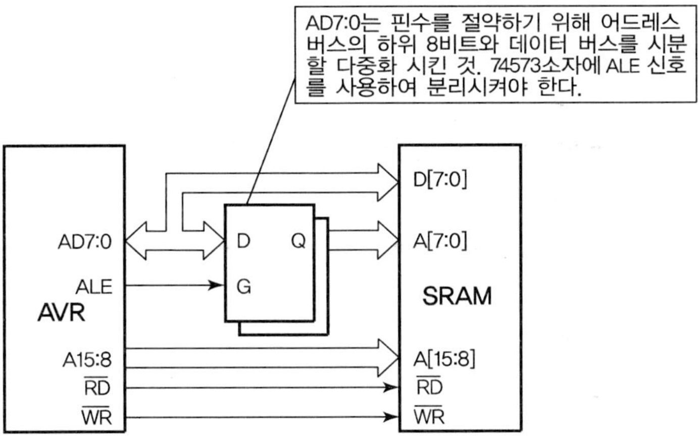

[그림 3.26] ATmega128의 외부 인터페이스 기본설계

AD0~AD7 신호의 내부에 들어있는 풀업저항은 해당 포트에 1을 쓰면 동작할 가능성이 있으므로 슬립 모드에서 전력소비를 줄이고자 하면 슬립 모드로 들어가기 전에 해당 포트에 0을 출력하여 풀업저항이 동작하지 않도록 하는 것이 좋다.

AD0~AD7 신호의 출력단 회로에는 버스 키퍼 기능을 지원한다. 이는 나중에 설명하는 외부 메모리 제어 레지스터 XMCRB에서 XMBK=1로 설정하는데, 이렇게 버스 키퍼 기능이 설정되면 Read 동작 시에 이 버스가 3-상태로 들어가야 하는 순간에 이전의 상태 값을 그대로 출력하게 된다. 이것의 정확한 동작에 관해서는 [그림 3.27]에서 세 번째 클럭 부분을 참고하기 바란다.

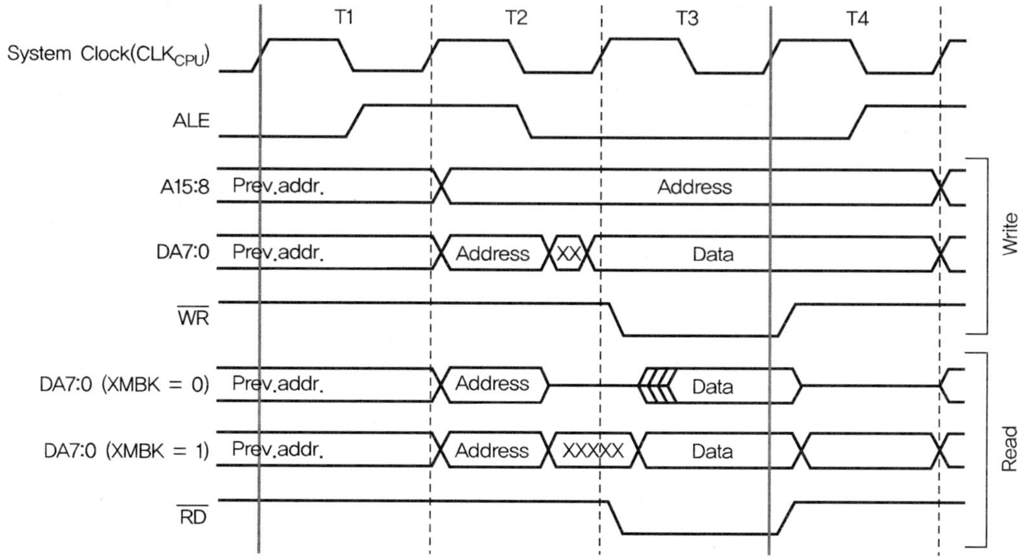

[그림 3.27] 기본 외부 액세스 동작 사이클

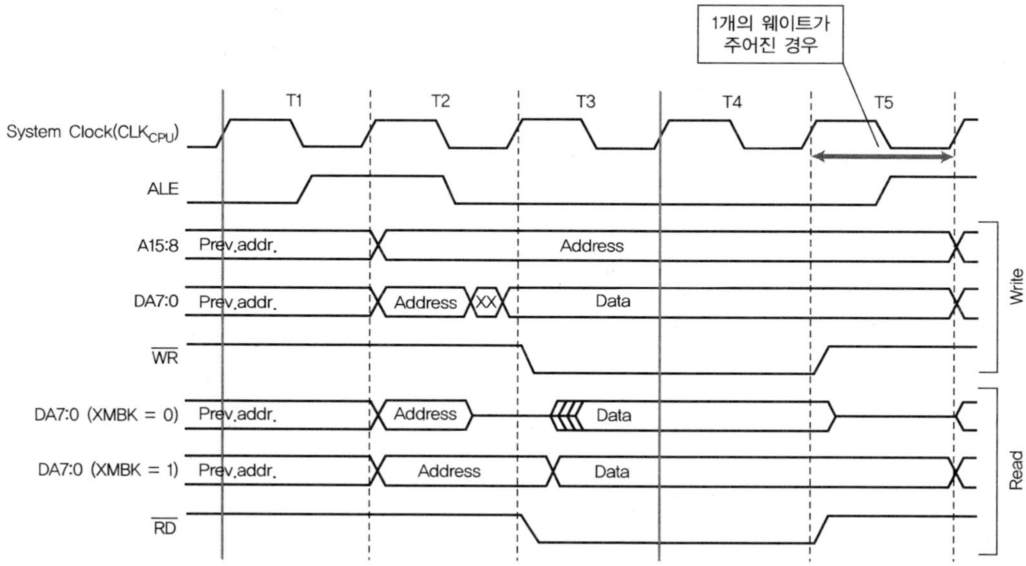

[그림 3.28] 1개의 Wait가 주어진 외부 액세스 동작 사이클(SRWn1:0=01)

ATmega128 외부 데이터 메모리 영역의 액세스 동작은 [그림 3.27]과 같이 기본적으로 3클럭 사이클(T2～T4)에 수행된다.

외부 메모리 제어 레지스터 XMCRA를 이용하여 소프트웨어적으로 1~3개의 Wait 사이클(wait cycle)을 줄 수 있는데 이런 경우 동작의 타이밍을 [그림 3.28], [그림 3.29]와 [그림 3.30]에 보였다.

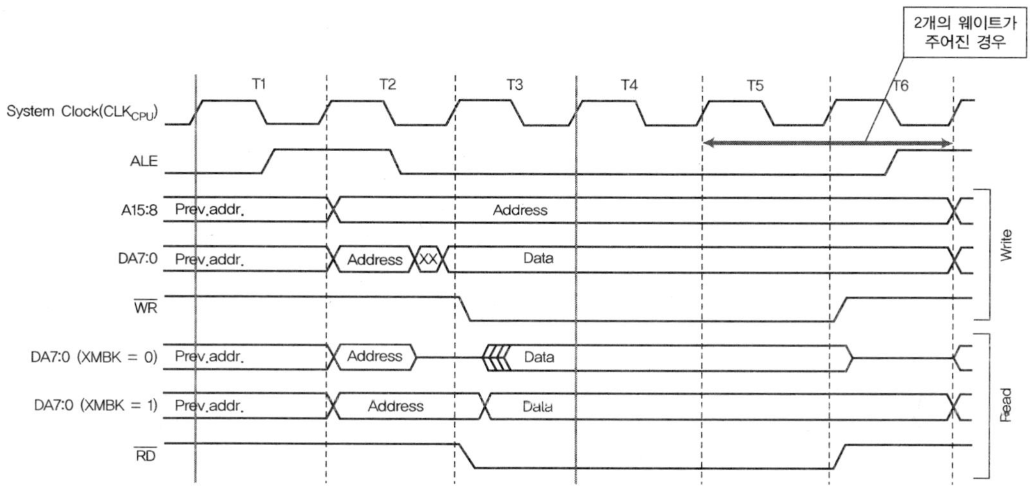

[그림 3.29] 2개의 Wait가 주어진 외부 액세스 동작 사이클(SRWn1:0=10)

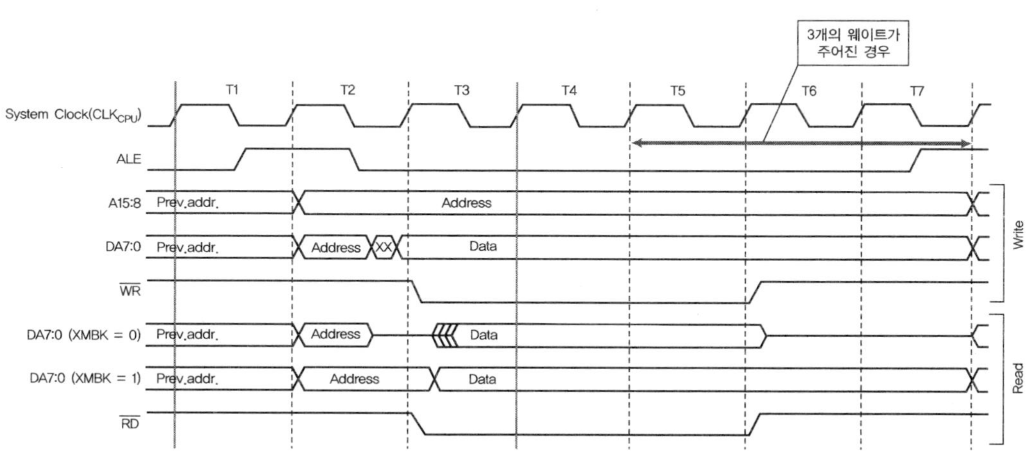

[그림 3.30] 3개의 Wait가 주어진 외부 액세스 동작 사이클(SRWn1:0=11)

(2) 외부 인터페이스와 관련된 레지스터 설정

ATmega128에서 외부 데이터 메모리 영역은 [그림 3.31]과 같이 사용자가 임의로 경계선을 지정하여 사이즈를 설정하는 방법으로 2개의 섹터로 나눌 수 있다.

이렇게 나누어진 섹터에는 각각 독립적으로 Wait 사이클을 설정할 수 있다. 이는 상당히 액세스 속도가 빠른 SRAM은 0 Wait로 설정하고, 이에 비하여 상대적으로 동작 속도가 느린 I/O 디바이스들에 대하여는 적절한 Wait 사이클을 부여할 수 있어서 ATmega128의 주변회로 설계에 매우 유용하다.

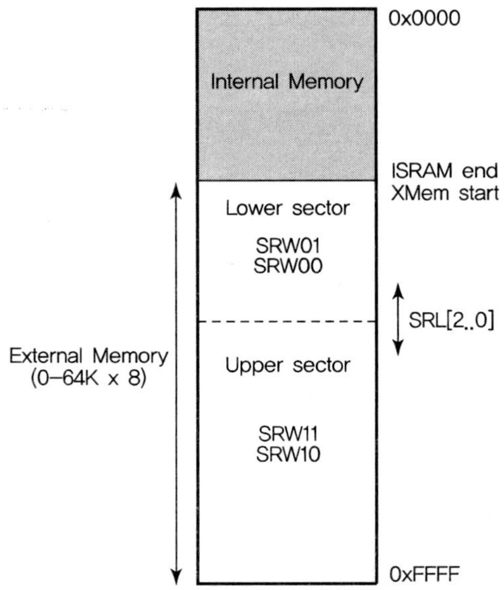

[그림 3.31] 외부 데이터 메모리 영역의 섹터 분할

■ **외부 메모리 제어 레지스터 XMCRA**

- XMCRA(External Memory Control Register A) 레지스터는 외부 데이터 메모리를 액세스할 수 있도록 설정하며, 이 메모리 영역을 2개의 섹터로 분할하고 각 섹터에 Wait 사이클을 설정하는데 사용된다.

Bit	7	6	5	4	3	2	1	0	
	SRE	SRL2	SRL1	SRL0	SRW11	SRW10	SRW01	SRW00	XMCRA
Read/Write	R/W	R/W	R/W	R/W	R/W	R/W	R/W	R/W	
Initial Value	0	0	0	0	0	0	0	0	

[그림 3.32] 외부 메모리 제어 레지스터 XMCRA

- SRE(External SRAM/XMEM Enable) 비트는 A8~A15, AD0~AD7, ALE, $\overline{RD}$, $\overline{WR}$ 등과 같은 외부 데이터 메모리 영역의 액세스 신호들을 유효하도록 한다. 이렇게 설정하지 않으면 이 신호들은 기본 기능인 병렬 I/O 포트로 동작하게 된다.
- SRL2~0(Wait-state Sector Limit) 비트는 외부 데이터 메모리 영역을 2개의 섹터로 분할하여 이들 각 섹터에 별도로 Wait 사이클을 설정할 수 있도록 한다.

- SRW11~10(Wait-state Select Bits for Upper Sector) 비트들은 외부 데이터 메모리의 상위 섹터에 해당하는 Wait 사이클을 설정한다. 또한 SRW01~00 (Wait-state Select Bits for Lower Sector) 비트들은 외부 데이터 메모리의 하위 섹터에 해당하는 Wait 사이클을 설정한다.

[표 3.10] SRW1~10 및 SRW01~00비트에 의한 Wait 사이클의 설정

SRWn1	SRWn0	Wait 상태
0	0	No wait-states
0	1	Wait one cycle during read/write strobe
1	0	Wait two cycles during read/write strobe
1	1	Wait two cycles during read/write and wait one cycle before driving out new address

※ n은 섹터 번호 0(lower sector) 또는 1(upper sector)을 나타냄

■ 외부 메모리 제어 레지스터 XMCRB

- XMCRB(External Memory Control Register B) 레지스터는 버스 키퍼 기능을 설정하고 외부 데이터 메모리 어드레스의 상위 바이트 중에서 어디까지 어드레스 기능으로 사용할 것인지를 설정하는데 사용된다.

Bit	7	6	5	4	3	2	1	0	
	XMBK	–	–	–	–	XMM2	XMM1	XMM0	XMCRB
Read/Write	R/W	R	R	R	R	R/W	R/W	R/W	
Initial Value	0	0	0	0	0	0	0	0	

[그림 3.33] 외부 메모리 제어 레지스터 XMCRB

- XMBK(External Memory Bus-keeper Enable) 비트는 AD7~AD0 신호가 3-상태로 되어야 하는 동안에 이를 이전의 값으로 출력되도록 하는 버스 키퍼 기능을 설정한다.
- XMM2~0(External Memory High Mask) 비트들은 포트 C와 기능을 겸하고 있는 어드레스 버스의 상위 바이트가 어느 부분까지 어드레스 버스 신호로 사용될 지를 설정하는 기능을 수행한다. 이를 이용하여 A15~A8의 일부분만을 어드레스 버스로 사용할 수 있으며, 그 나머지 비트들은 포트 C의 기능으로 사용된다.

[표 3.11] 포트 C와 어드레스 버스 상위 바이트의 기능 설정

XMM2	XMM1	XMM0	어드레스 버스	포트 C
0	0	0	A15~A8로 사용	–
0	0	1	A14~A8로 사용	PC7로 사용
0	1	0	A13~A8로 사용	PC7~PC6으로 사용
0	1	1	A12~A8로 사용	PC7~PC5로 사용
1	0	0	A11~A8로 사용	PC7~PC4로 사용
1	0	1	A10~A8로 사용	PC7~PC3으로 사용
1	1	0	A9~A8로 사용	PC7~PC2로 사용
1	1	1	–	PC7~PC0으로 사용

3.2.3 GPIOR0, 1, 2(General Purpose I/O Register)

GPIOR0, 1, 2(General Purpose I/O Register)는 3개의 일반 목적 레지스터로서 임의의 정보를 저장하는데 사용하며, 전역변수와 상태 플래그를 저장하는 특별한 기능을 제공한다.

Bit	7	6	5	4	3	2	1	0	
	GPIOR07	GPIOR06	GPIOR05	GPIOR04	GPIOR03	GPIOR02	GPIOR01	GPIOR00	GPIOR0
Read/Write	R/W	R/W	R/W	R/W	R/W	R/W	R/W	R/W	
Initial Value	0	0	0	0	0	0	0	0	

Bit	7	6	5	4	3	2	1	0	
	GPIOR17	GPIOR16	GPIOR15	GPIOR14	GPIOR13	GPIOR12	GPIOR11	GPIOR10	GPIOR1
Read/Write	R/W	R/W	R/W	R/W	R/W	R/W	R/W	R/W	
Initial Value	0	0	0	0	0	0	0	0	

Bit	7	6	5	4	3	2	1	0	
	GPIOR27	GPIOR26	GPIOR25	GPIOR24	GPIOR23	GPIOR22	GPIOR21	GPIOR20	GPIOR2
Read/Write	R/W	R/W	R/W	R/W	R/W	R/W	R/W	R/W	
Initial Value	0	0	0	0	0	0	0	0	

[그림 3.34] GPIOR 레지스터

3.2.4 인터럽트 벡터 소스

(1) Interrupt의 개념

인터럽트는 주변장치의 서비스 요청에 CPU가 가장 빠르게 대처할 수 있는 방법이며, 이것을 이용하면 주변장치 측으로부터의 발생 시기를 예측하기 어려운 비동기적인 이벤트를 CPU가 빠르게 처리할 수 있어서 인터럽트는 서로 비동기적으로 동작하는 CPU(매우 고속으로 동작)와 주변장치(비교적 저속으로 동작) 사이에서 효율적으로 일을 수행하는 중요한 수단이 된다.

인터럽트가 발생하면 서브루틴의 경우에서처럼 나중에 되돌아올 복귀주소(return address)를 스택에 저장하였다가 인터럽트 서비스 루틴(interrupt service routine)의 마지막에서 복귀명령(return instruction) RETI를 만나면 스택으로부터 복귀주소를 되찾아 인터럽트 발생 전의 위치로 돌아간다.

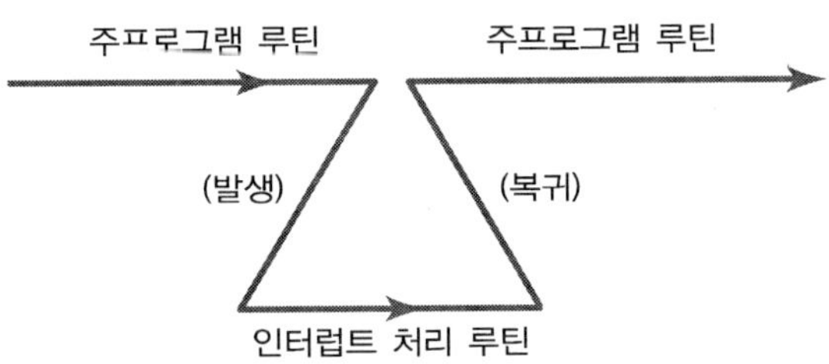

[그림 3.35] 인터럽트 처리의 개념도

(2) 인터럽트의 종류

■ **인터럽트 발생 원인에 따른 분류**

① 하드웨어 인터럽트
- 내부 인터럽트 : 신뢰성이 매우 중시되는 고성능의 마이크로 콘트롤러나 다중 프로그래밍용의 CPU에서 많이 사용됨(ATmega128은 없음)
- 외부 인터럽트 : 마이크로 프로세서와 독립되어 있는 외부장치에 의해 발생되는 순수한 의미에서의 인터럽트

② 소프트웨어 인터럽트

■ **인터럽트 발생 시 마이크로 프로세서의 반응 방식에 따른 분류**

① 차단 가능 인터럽트(maskable interrupt, INT) : 프로그래머에 의해 인터럽트 요청을 받아들이지 않고 무시할 수 있는 인터럽트. 개별적으로 자단할 때는 인터럽트 마스크 레지스터 또는 인터럽트 허용 레지스터를 사용하고, 전체적으로

차단할 때는 DI(disable interrupt) 명령어를 사용한다.

② **차단 불가능 인터럽트(non-maskable interrupt, NMT)** : 프로그래머에 의해 어떤 방법으로도 인터럽트 요청이 차단될 수 없는 것으로 전원 이상이나 비상정지 스위치 등과 같이 중요도가 높은 심각한 돌발 사태에 대비하기 위하여 주로 사용된다. ATmega128에서는 NMI가 사용되지 않는다.

■ **인터럽트를 요구한 입·출력기기를 확인하는 방법에 따른 분류**

① **벡터형 인터럽트(vectored interrupt)** : 인터럽트가 발생할 때마다 인터럽트를 요청한 장치가 인터럽트 서비스 루틴의 시작번지를 CPU에게 전송하거나 CPU가 각 인터럽트의 종류에 따라 미리 지정된 메모리 번지에서 인터럽트 벡터를 읽어서 이를 인터럽트 서비스 루틴의 시작번지로 사용하는 방식을 의미한다. 빠른 인터럽트 응답시간과 안정성 때문에 ATmega128에서 사용하고 있다.

② **조사형 인터럽트(polled interrupt)** : 인터럽트가 발생하면 이 인터럽트를 요청한 장치를 찾아내기 위해 CPU가 소프트웨어적으로 차례로 조사하는 방식이다. 이 방법은 하드웨어가 간단한 것이 장점이지만, 주변장치의 수가 많을수록 처리시간이 길어지는 문제가 있으므로 ATmega128에서는 사용하지 않는다.

(3) 35종의 리셋 및 인터럽트 벡터

ATmega128에는 [표 3.13]에서 보인 바와 같이 리셋을 포함하여 모두 35종의 리셋 및 인터럽트 벡터를 가지고 있다. 이 중 인터럽트는 34개가 있는데 외부 핀을 통하여 요구되는 인터럽트 8개, Timer0 관련 2개, Timer1 관련 5개, Timer2 관련 2개, Timer3 관련 5개, USART0 관련 3개, USART1 관련 3개, 그리고 기타 6개이다.

[표 3.13] 리셋 및 인터럽트 벡터

벡터 번호	프로그램 주소	인터럽트 소스	인터럽트 정의
1	0x0000	리셋	External Pin, Power-on Reset, Brown-out Reset, Watchdog Reset, JTAG AVR Reset
2	0x0002	INT0	External Interrupt Request 0
3	0x0004	INT1	External Interrupt Request 1
4	0x0006	INT2	External Interrupt Request 2
5	0x0008	INT3	External Interrupt Request 3
6	0x000A	INT4	External Interrupt Request 4
7	0x000C	INT5	External Interrupt Request 5
8	0x000E	INT6	External Interrupt Request 6

[표 3.13] 리셋 및 인터럽트 벡터(계속)

벡터 번호	프로그램 주소	인터럽트 소스	인터럽트 정의
9	0x0010	INT7	External Interrupt Request 7
10	0x0012	TIMER2 COMP	Timer/Counter2 Compare Match
11	0x0014	TIMER2 OVF	Timer/Counter2 Overflow
12	0x0016	TIMER1 CAPT	Timer/Counter1 Capture Event
13	0x0018	TIMER1 COMPA	Timer/Counter1 Compare Match A
14	0x001A	TIMER1 COMPB	Timer/Counter1 Compare Match B
15	0x001C	TIMER1 OVF	Timer/Counter1 Overflow
16	0x001E	TIMER0 COMP	Timer/Counter0 Compare Match
17	0x0020	TIMER0 OVF	Timer/Counter0 Overflow
18	0x0022	SPI, STC	SPI Serial Transfer Complete
19	0x0024	USART0, RX	USART0, RX Complete
20	0x0026	USART0, URDE	USART0 Data Register Empty
21	0x0028	USART0, TX	USART0, TX Complete
22	0x002A	ADC	ADC Conversion Complete
23	0x002C	EE READY	EEPROM Ready
24	0x002E	ANALOG COMP	Analog Comparator
25	0x0030	TIMER1 COMPC	Timer/Counter1 Compare Match C
26	0x0032	TIMER3 CAPT	Timer/Counter3 Capture Event
27	0x0034	TIMER3 COMPA	Timer/Counter3 Compare Match A
28	0x0036	TIMER3 COMPB	Timer/Counter3 Compare Match B
29	0x0038	TIMER3 COMPC	Timer/Counter3 Compare Match C
30	0x003A	TIMER3 OVF	Timer/Counter3 Overflow
31	0x003C	USART1, RX	USART1, Rx Complete
32	0x003E	USART1, UDRE	USART1 Data Register Empty
33	0x0040	USART1, TX	USART1, Tx Complete
34	0x0042	TWI	Two-wire Serial Interface
35	0x0044	SPM READY	Store Program Memory Ready

(4) 리셋 및 인터럽트 벡터의 배치

ATmega128에서 리셋 및 인터럽트 벡터는 항상 [표 3.13]처럼 고정되어 있는 것이 아니라 Fuse High Byte의 BOOTRST 비트 및 MCU 제어 레지스터 MCUCR의 IVSEL(Interrupt Vector Select) 비트에 따라 [표 3.14]와 같이 여러 가지의 조합이 가능하다. IVSEL 비트는 인터럽트 벡터를 응용 프로그램 섹션과 부트 로더 섹션 사이에 이동시키는 역할을 하며, 이 비트가 0이 되면 응용 프로그램 섹션인 플래시 메모리의 시작 부분에 인터럽트 벡터가 위치하게 되고 1이 되면 플래시 메모리에서 부트 로더 섹션의 선두부분에 인터럽트 벡터가 위치하게 된다.

[표 3.14] 리셋 및 인터럽트 벡터

BOOTRST	IVSEL	Reset Address	Interrupt Vectors Start Address
1	0	0x0000	0x0002
1	1	0x0000	Boot Reset Address +0x0002
0	0	Boot Reset Address	0x0002
0	1	Boot Reset Address	Boot Reset Address +0x0002

3.2.5 외부 인터럽트

ATmega128에서 외부 인터럽트는 8개의 외부핀 INT7~0을 통해 입력되는 신호에 의하여 발생하는 인터럽트를 가리킨다. 각각의 외부 인터럽트는 L(Low level), 하강에지(falling edge), 상승에지(rising edge)등에 의하여 트리거(trigger)될 수 있는데, 이러한 인터럽트 트리거 방법은 외부 인터럽트 제어 레지스터 EICRA(INT3~0) 및 EICRB(INT7~4)로 설정한다.

모든 레벨 트리거 인터럽트와 INT3~0이 상승 또는 하강 에지 트리거 방식으로 설정된 경우에는 인터럽트가 클럭 신호에 관계없이 비동기적으로 검출되므로 외부 인터럽트는 모든 슬립모드를 해제하는 수단으로 사용할 수 있다.

그러나 INT7~4가 에지 트리거 방식으로 설정되면 이는 I/O 클럭을 필요로 하므로 외부 인터럽트는 I/O 클럭이 차단되는 아이들 모드 이외의 슬립모드에서는 슬립모드를 해제하는 수단으로 사용할 수 없다. 에지 트리거로 사용하는 인터럽트 신호의 펄스폭은 최소 50ns 이상의 펄스폭이어야 한다.

(1) EICRA(External Interrupt Control Register A) 레지스터

EICRA 레지스터는 INT3~0 pin으로 입력되는 신호에 의한 인터럽트가 트리거되는 방법을 설정한다.

Bit	7	6	5	4	3	2	1	0	
	ISC31	ISC30	ISC21	ISC20	ISC11	ISC10	ISC01	ISC00	EICRA
Read/Write	R/W	R/W	R/W	R/W	R/W	R/W	R/W	R/W	
Initial Value	0	0	0	0	0	0	0	0	

[그림 3.36] 외부 인터럽트 제어 레지스터 EICRA

[표 3.17] 비동기 외부 인터럽트 제어

ISCn1	ISCn0	인터럽트 트리거 방식
0	0	INTn 핀의 Low 레벨 신호 입력이 인터럽트를 트리거한다.
0	1	INTn 핀의 논리 값 변화 시 인터럽트를 트리거한다.
1	0	INTn 핀의 하강 에지가 인터럽트를 비동기적으로 트리거한다.
1	1	INTn 핀의 상승 에지가 인터럽트를 비동기적으로 트리거한다.

(2) EICRB(External Interrupt Control Register B) 레지스터

EICRB 레지스터는 INT7~4 pin으로 입력되는 신호에 의한 인터럽트가 트리거되는 방법을 설정한다.

Bit	7	6	5	4	3	2	1	0	
	ISC71	ISC70	ISC61	ISC60	ISC51	ISC50	ISC41	ISC40	EICRB
Read/Write	R/W	R/W	R/W	R/W	R/W	R/W	R/W	R/W	
Initial Value	0	0	0	0	0	0	0	0	

[그림 3.37] 외부 인터럽트 제어 레지스터 EICRB

[표 3.18] 동기 외부 인터럽트 제어

ISCn1	ISCn0	인터럽트 트리거 방식
0	0	INTn 핀의 Low 레벨 신호 입력이 인터럽트를 트리거한다.
0	1	INTn 핀의 논리 값 변화 시 인터럽트를 트리거한다.
1	0	INTn 핀의 하강 에지가 인터럽트를 트리거한다.
1	1	INTn 핀의 상승 에지가 인터럽트를 트리거한다.

(3) EIMSK(External interrupt Mask Register) 레지스터

EIMSK 레지스터는 INT7~0을 개별적으로 허용하는데 사용되며 1로 설정하면 인터럽트 허용, 0으로 설정하면 인터럽트 금지가 된다. 이렇게 허용된 인터럽트는 SREG 레지스터의 글로벌 인터럽트 허용 비트 I가 1로 되어야만 실제로 허가가 된다.

Bit	7	6	5	4	3	2	1	0	
	INT7	INT6	INT5	INT4	INT3	INT2	INT1	INT0	EIMSK
Read/Write	R/W	R/W	R/W	R/W	R/W	R/W	R/W	R/W	
Initial Value	0	0	0	0	0	0	0	0	

[그림 3.38] 외부 인터럽트 마스크 레지스터 EIMSK

(4) EIFR(External Interrupt Flag Register) 레지스터

EIFR 레지스터는 INT7~0 핀에 인터럽트 신호가 입력되어 해당 인터럽트가 트리거 되었음을 표시하는데 사용된다.

Bit	7	6	5	4	3	2	1	0	
	INTF7	INTF6	INTF5	INTF4	INTF3	INTF2	INTF1	INTF0	EIFR
Read/Write	R/W	R/W	R/W	R/W	R/W	R/W	R/W	R/W	
Initial Value	0	0	0	0	0	0	0	0	

[그림 3.39] 외부 인터럽트 플래그 레지스터 EIFR

chapter

4 실습용 보드 개요

이번 장에서는 실습용 보드인 RTEB(Real-Time Embedded Board)-128 키트의 하드웨어 구조와 그 기능을 알아보고, 키트에 장착되어있는 여러 가지 I/O 기기의 특징 및 접속 방식에 대하여 알아본다. 그리고 ATmega128을 구동하기 위한 컴파일러 사용법, 작성된 프로그램의 다운로드 방법을 다룬다. 그리고 이를 이용하여 uC/OS-2를 타겟 보드에 포팅하는 방법을 소개한다.

4.1 RTEB-128 키트의 하드웨어 구조와 기능

4.1.1 RTEB-128 키트의 개요 및 사양

ATmega128을 CPU로 사용하는 RTEB-128 키트는 하드웨어 및 소프트웨어 학습용으로 설계된 아주 작은 규모의 단일 보드 시스템으로서 기본사양은 [표 4.1]과 같고, 이에 대한 자세한 하드웨어 회로도는 [그림 4.1], [그림 4.2], [그림 4.3]과 같다.

[표 4.1] RTEB-128의 설계 사양

항목	사양	비고
CPU	ATmega128-16AU(16MHz)	16MHz 오실레이터 사용
ROM	CPU 내장형 128KB Flash Memory	프로그램 및 상수 데이터 저장
RAM	CPU에 내장 4KB 별도	스택 및 변수 데이터 저장
프로그램 입력/실행	AVR ISP(6핀, 10핀)와 직렬/병렬포트 사용	병렬포트 ISP 사용 테스트 프로그램

[표 4.1] RTEB-128의 설계 사양(계속)

항목	사양	비고
I/O	1. AVR ISP용 10핀 2. 2개의 RS-232 직렬포트 3. 16 x 2 문자 텍스트형 LCD 4. 전원 Reset 감지회로 5. 6채널 딥스위치 입력 6. 6채널 LED 출력 7. 16개의 스위치 입력	AVR ISP 표준 고정 밝기 KIA7045AP Voltage Detector ULN2003 Array Transistor
전원	+5V	
PCB 외형	180mm*85mm	양면 에폭시 기판

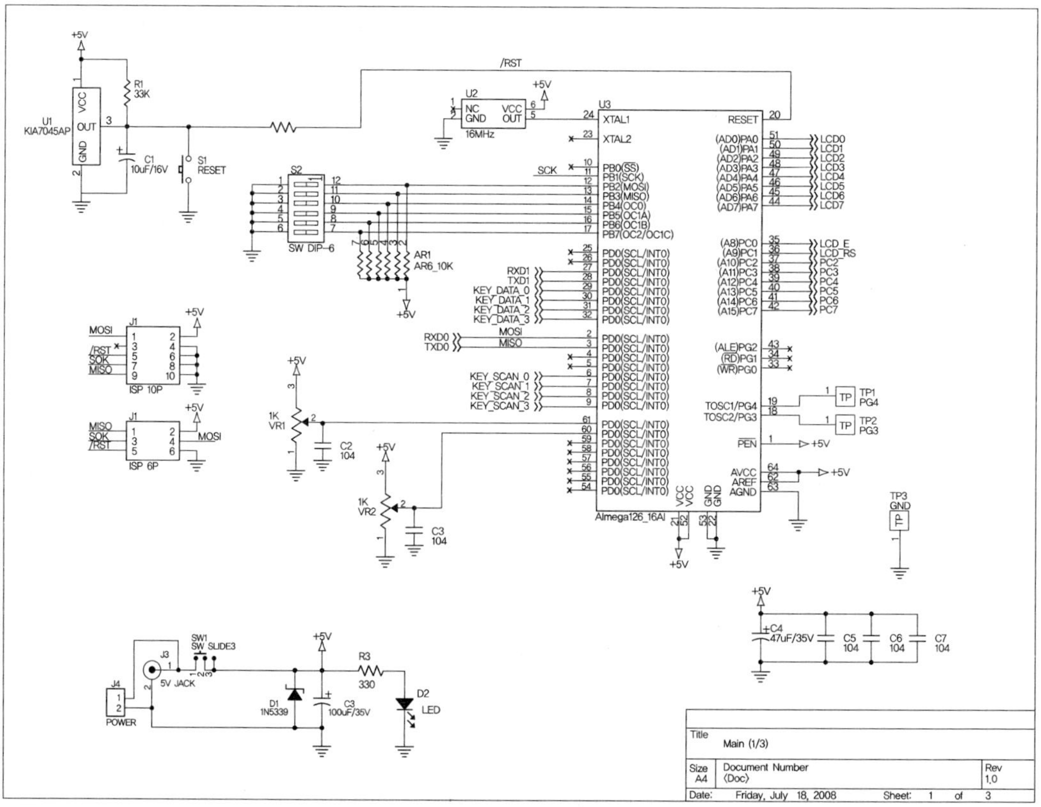

[그림 4.1] RTEB-128 보드 회로도 1

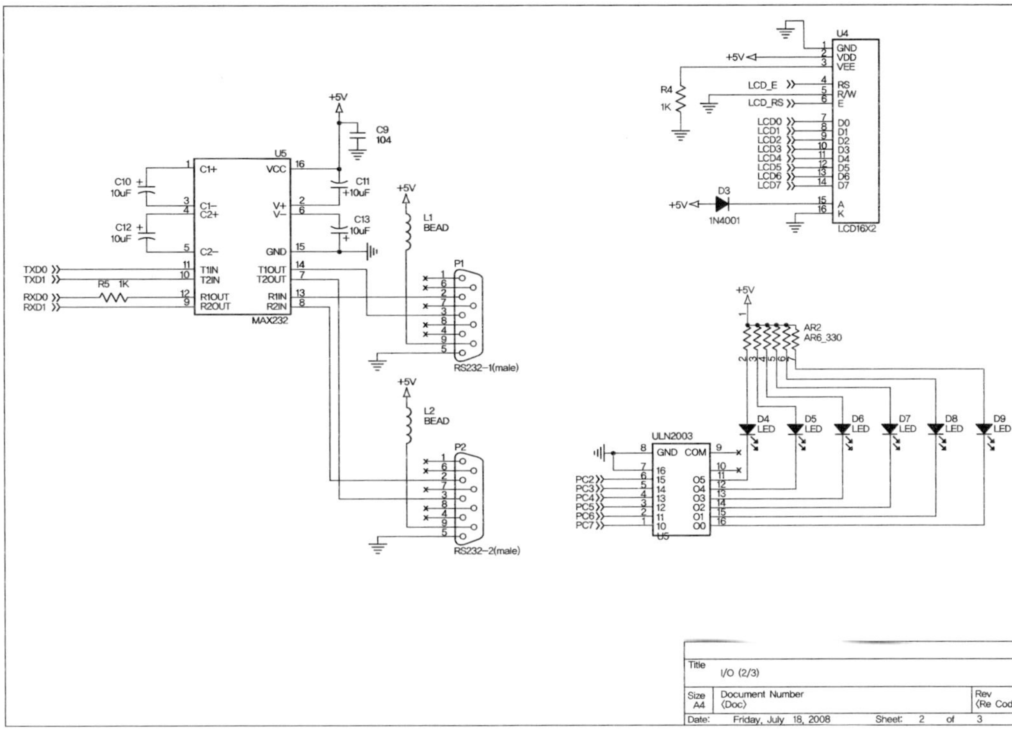

[그림 4.2] RTEB-128 보드 회로도 2

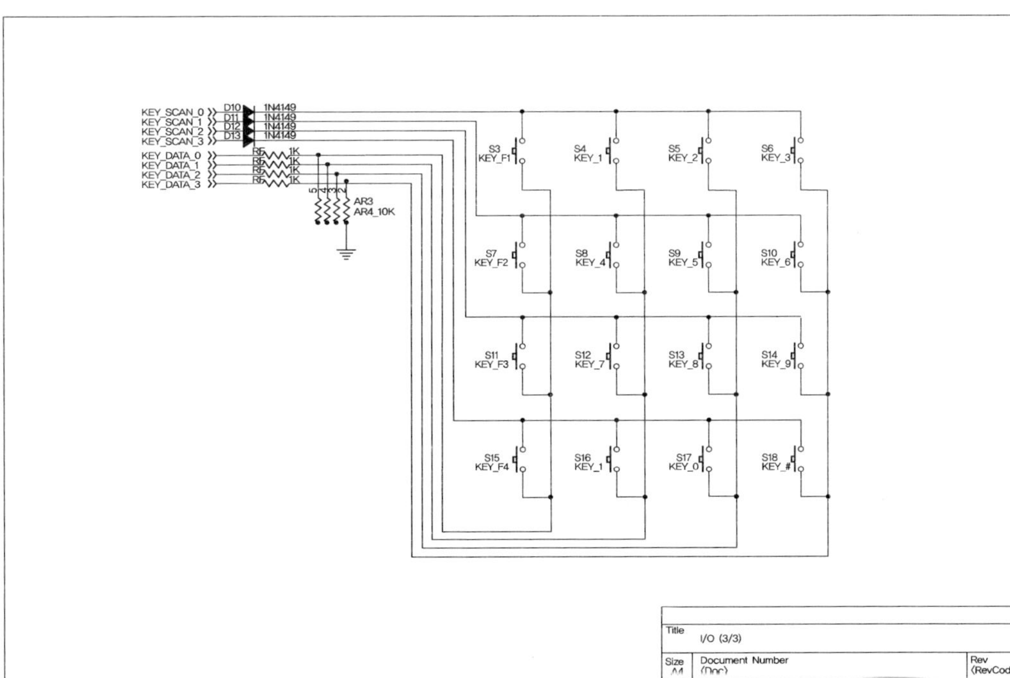

[그림 4.3] RTEB-128의 회로도 3

4.1.2 RTEB-128 키트의 하드웨어 부품 리스트

[표 4.2]는 회로기판을 이용하여 RTEB-128 키트 제작 시 사용되는 부품과 그 수량, 부품의 규격을 나타낸다. 각 부품의 부품번호는 회로기판 내에 프린트 되어 있다.

[표 4.2] RTEB-128 보드 부품 리스트

부품번호	수량	부품명 및 규격
U1	1	KIA7045AP Voltage Detector
U2	1	16MHz 오실레이터
U3	1	ATmega128-16AU
U4	1	16*2 LCD 접속용 핀 헤더
U5	1	MAX232 RS-232C 인터페이스
R1	1	33K
R2	1	1K
R3	1	330
R4	1	1K
R5	1	1K
R6,R7,R8,R9	4	1K
AR1	1	10K*6 어레이 저항
AR2	1	330*6 어레이 저항
AR3	1	10K*4 어레이 저항
VR1,VR2	2	1K 가변저항
L1,L2	2	BEAD core
C1	1	10uF/16V
C2,C3	2	104
C4	1	47uF/35V
C5,C6,C7	3	104
C8	1	100uF/35V
C9	1	104
C10,C11,C12,C13	4	10uF
D1	1	1N5339
D2	2	LED
D3	1	1N4001
D4,D5,D6,D7,D8,D9	6	LED

[표 4.2] RTEB-128 보드 부품 리스트(계속)

부품번호	수량	부품명 및 규격
D10,D11,D12,D13	4	1N4148
S1	1	Switch
S2	1	Switch DIP-6
S3~S18	16	Switch
TP1~TP3	3	Test Pin
J1	1	ISP 10P
J2	1	ISP 6P
J3	1	5V Jack
J4	1	Power Connector
P1,P2	2	RS232-2 Port

[그림 4.4]는 [표 4.2]의 부품을 이용하여 완성한 RTEB-128 키트의 사진이다.

[그림 4.4] 완성된 RTEB-128 키트

4.2 RTEB-128 키트의 I/O 장치

4.2.1 LED

RTEB-128 키트에는 상태표시 및 디버그 등을 위한 6개의 LED가 부착되어 있다. LED는 ATmega128 칩의 PORT C 2, 3, 4, 5, 6, 7번 핀에 접속되어 있다. 그리고 각 포트들은 출력으로 설정되어야 한다. ATmega128 칩의 싱크 전류를 최소화하기 위해 ULN2003 트랜지스터를 이용하여 ON/OFF를 제어한다. LED가 켜지게 하기 위해서는 각 LED 포트에 1(High) 신호를 인가하고, LED가 꺼지게 하기 위해서는 0(Low) 신호를 인가하면 된다.

5장의 예제에서는 태스크의 동작을 표시할 때 사용하였고, 그 회로도는 [그림 4.5]와 같다.

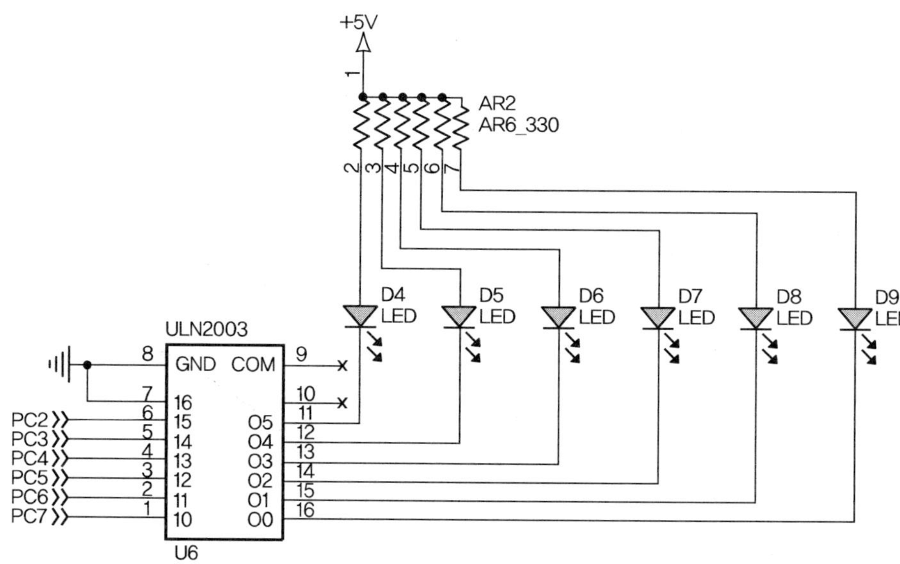

[그림 4.5] LED 회로도

4.2.2 문자 LCD

RTEB-128 키트에는 상태표시 및 디버그 등을 위한 16×2의 문자 LCD가 부착되어 있다. 문자 LCD는 ATmega128 칩의 PORT A에 D0~D7까지의 데이터 라인이 접속되어 있고 PORT C의 0, 1번 핀에는 E와 RS 신호가 접속되어 있다. 각 포트들은 출력 모드로 설정되어야 하고, 데이터 출력만을 사용하므로 LCD에 쓰기 기능만을 지원한다.

5장의 예제에서는 태스크의 동작과 상태 표시 및 카운트를 표시할 때 사용하였고, 그 회로도는 [그림 4.6]과 같다.

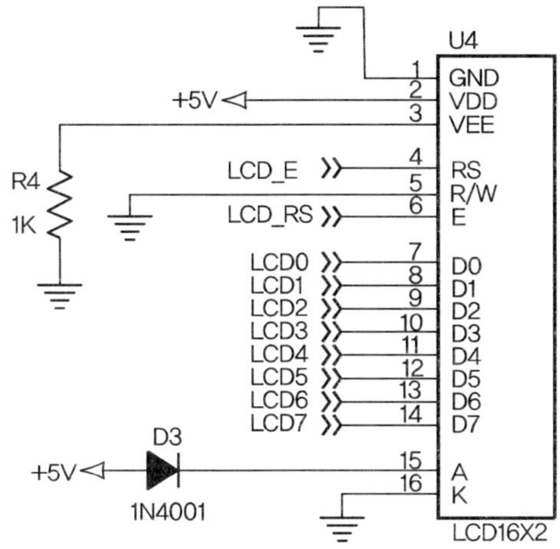

[그림 4.6] 문자 LCD 회로도

4.2.3 직렬통신 포트

RTEB-128 키트에는 상태표시, 디버그 및 입출력을 위한 2개의 RS-232 직렬통신 포트가 부착되어 있다. 직렬통신 포트에서는 ATmega128의 동작전압과 통신전압을 변환하기 위해 MAX232 칩을 사용해서 전압변환을 한다. 직렬통신 포트는 ATmega128 칩의 PORT E의 0(RXD0), 1(TXD0)핀과 PORT D의 2(RXD1), 3(TXD1)번 핀에 접속되어 있다. 각 포트들은 통신에 맞게 RXD는 입력, TXD는 출력 등으로 설정되어야 한다. 다양한 전송 보 레이트(baud rate)를 지원하며 입출력 인터럽트를 발생시킬 수 있다.

5장의 예제에서는 태스크의 동작 및 상태 표시, PC와의 통신 및 타 기기와의 통신을 위해 사용하였고, 그 회로도는 [그림 4.7]과 같다.

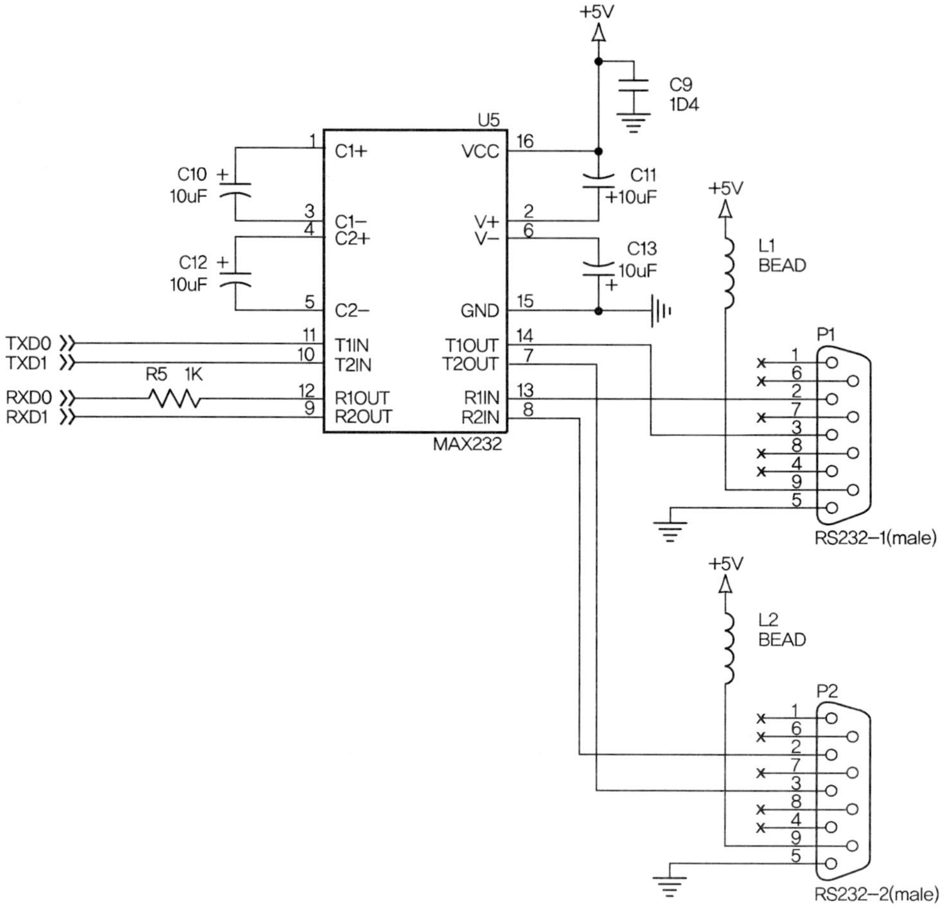

[그림 4.7] 직렬통신 포트 회도도

4.2.4 토글 스위치

RTEB-128 키트에는 사용자의 입력을 받기 위한 6개의 토글 스위치가 부착되어 있다. 토글 스위치는 ON을 하였을 때 High(5V)를 출력하고, OFF를 하였을 때 Low(0V)를 출력한다. 토글 스위치는 ATmega128 칩의 PORT B의 2, 3, 4, 5, 6, 7번 핀에 접속되어 있고 각 포트들은 외부 입력을 받기 위해 입력 모드로 설정되어야 한다.

5장의 예제에서는 태스크에 입력을 주어 입력 상태를 표시하는데 사용하였고, 그 회로도는 [그림 4.8]과 같다.

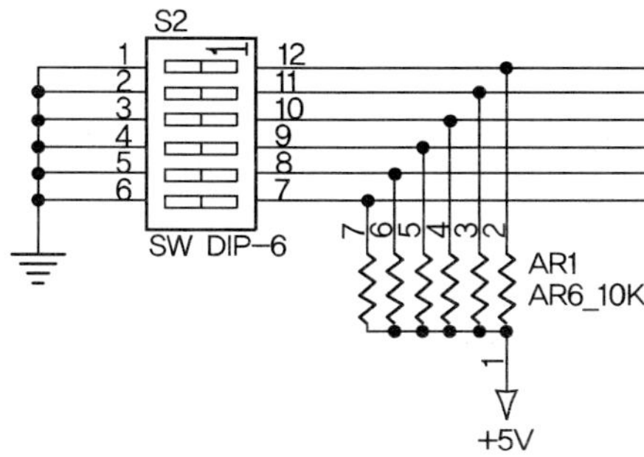

[그림 4.8] 토글스위치 회로도

4.2.5 A/D용 볼륨 저항

RTEB-128 키트에는 사용자의 미세한 입력변화를 감지하기 위한 2개의 볼륨 저항이 부착되어 있다. 볼륨저항은 가변저항으로 스위치를 이동하면 다른 저항 값으로 바뀐다. 본 보드에서는 최대 5V, 최소 0V 출력을 발생시킨다. 이 아날로그 출력 전압은 ATmega128 칩의 내장 A/D(Analog/Digital) 컨버터를 통해 디지털 값으로 변환된다. A/D용 볼륨 저항은 ATmega128 칩의 PORT F의 0, 1번 핀에 접속되어 있고 이 포트들은 A/D변환을 하기 위해 A/D변환 모드로 설정되어야 한다.

5장의 예제에서는 태스크에 입력을 주고 볼륨 저항의 현재 상태를 표시하는데 사용하였고, 그 회로도는 그림 4.9와 같다.

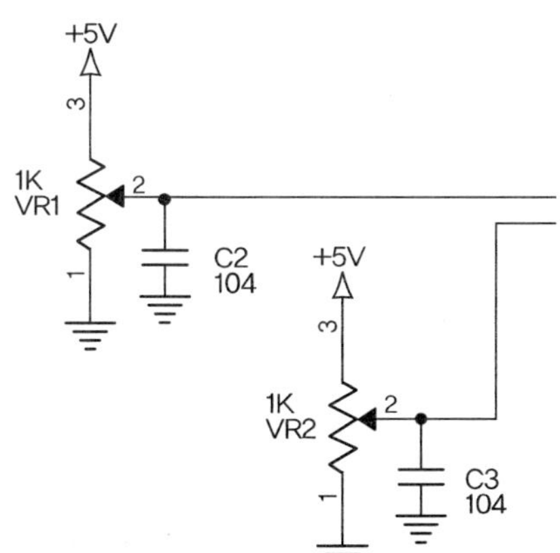

[그림 4.9] A/D용 볼륨 저항 회로도

4.2.6 4×4 키 매트릭스

RTEB-128 키트에는 사용자의 입력을 받기 위한 4×4 키 매트릭스가 부착되어 있다. 키 매트릭스는 16개의 키 입력이 가능하고 각 키의 입력은 각 열을 선택 후 1행씩 입력을 받고 이를 4번 반복함으로써 전체 매트릭스의 현재 입력을 받아올 수 있다. 4×4 키 매트릭스는 ATmega128 칩의 PORT E의 4, 5, 6, 7번 핀에 열 선택 출력 포트가 접속되어 있고 PORT D의 4, 5, 6, 7번 핀에 열 수신 포트가 접속되어 있다. 열 선택 포트는 출력 포트로 설정하여야 하며, 열 수신포트는 입력 포트로 설정하여야 한다.

5장의 예제에서는 태스크에 키보드 입력 값을 주는데 사용하였고 그 회로도는 [그림 4.10]과 같다.

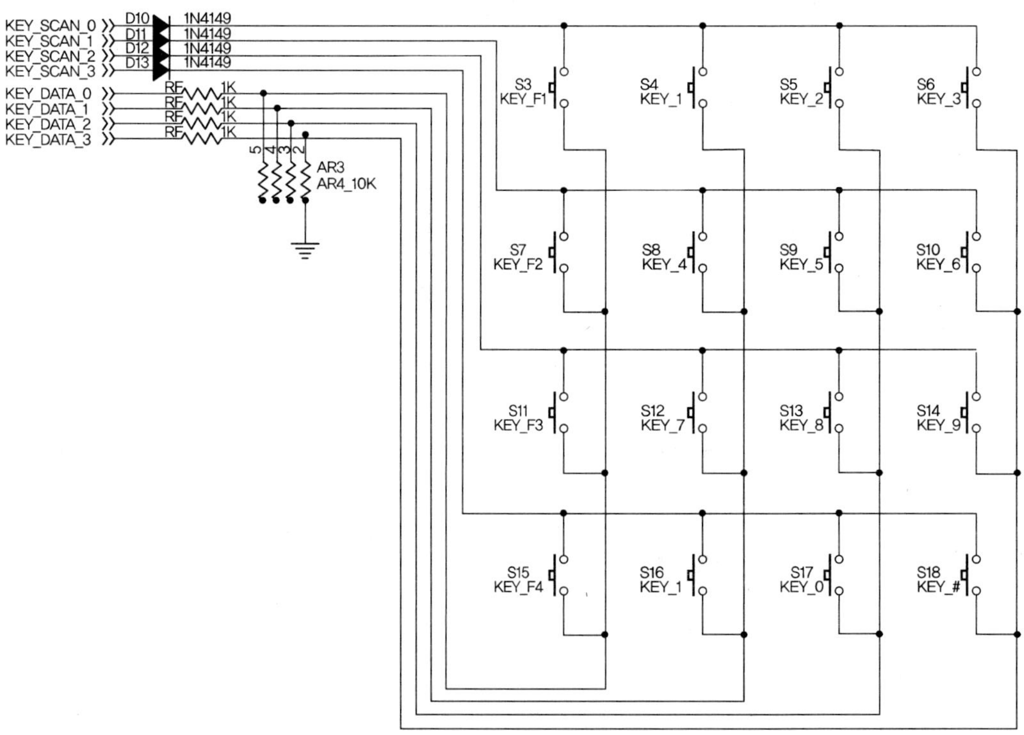

[그림 4.10] 4×4 키 매트릭스 회로도

4.3 ISP 다운로드 케이블의 제작 및 사용법

4.3.1 ISP 다운로드 케이블

병렬 포트형 AVR-ISP Parallel 다운로드 케이블은 AVR에 내장된 SPI 직렬통신을 이용하여 ISP를 구현(직렬통신에 의해 ISP 수행)하며 병렬포트를 가지고 소프트웨어적으로 직렬통신을 구현한다. 또한 타겟 보드에 접속하는 커넥터는 Atmel 표준의 10핀 또는 6핀 커넥터를 사용한다.

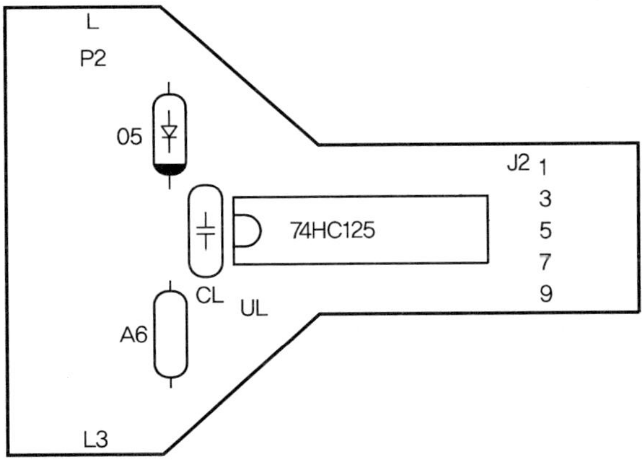

[그림 4.11] AVR-ISP Parallel 다운로드 케이블의 PCB 부품 배치도

AVR-ISP Parallel 다운로드 케이블은 내부적으로 동작전압의 범위가 넓은 74HC125 소자를 사용하고, 동작 전원은 10핀 커넥터의 2번 핀을 통하여 공급되는 타겟 보드의 전원을 사용한다. 타겟 보드의 MCU가 5V 전원을 사용하는 경우와 3.3V 전원을 사용하는 경우 모두 사용된다.

AVR-ISP Parallel 다운로드 케이블은 호스트 PC의 병렬 포트에 직접 접속하는 동글과 타겟 보드에 연결하는 플랫 케이블로 구성된다.

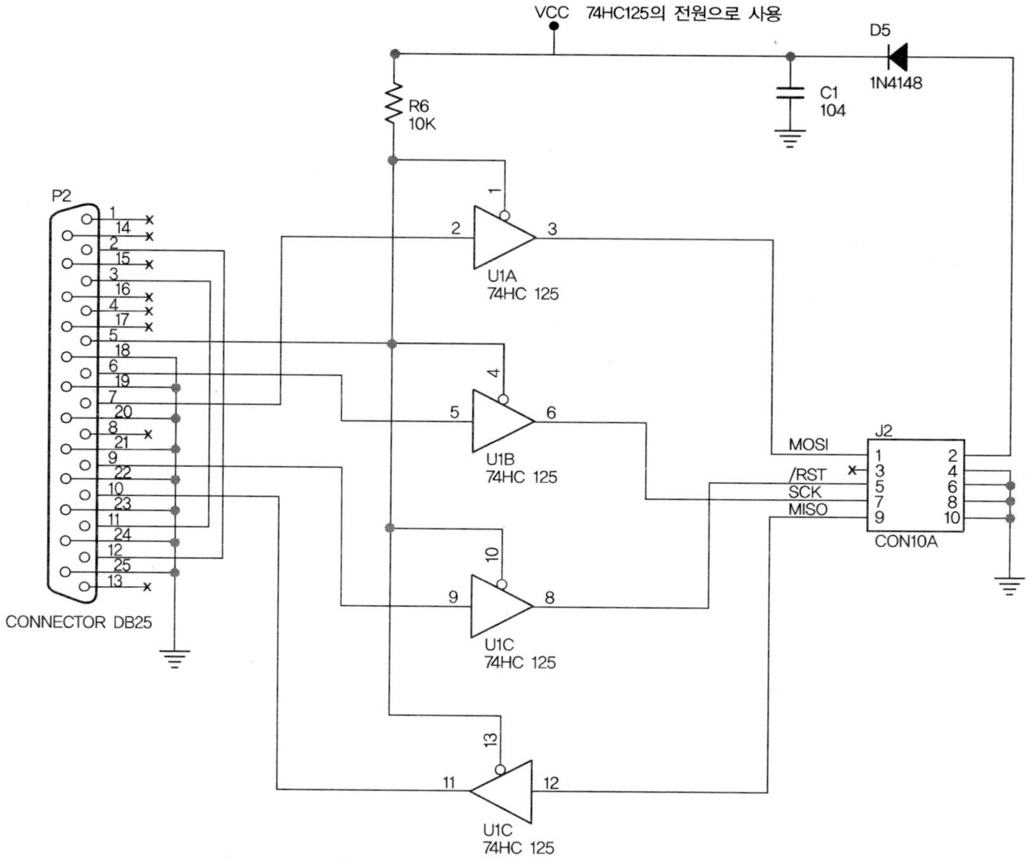

[그림 4.12] AVR-ISP Parallel 다운로드 케이블의 회로도

[표 4.3] AVR-ISP Parallel 다운로드 케이블의 부품 리스트

부품번호	수량	부품명 및 규격	비고
P2	1	25핀 프린터 포트용 수컷 콘넥터	25핀 컨넥터 후드, 포함
J2	1	3류-10P-S/T 10핀 박스형 콘넥터	
u1	1	74HC125	
D5	1	1N4148	
C1	1	104(0.1uF) 세라믹 또는 모놀리틱	
R6	1	10K 1/4W	
PCB	1	크기 37 * 55mm (양면 에폭시)	
플랫 케이블	1	10핀, 1미터 정도	적색선이 1번핀이 되도록 조립할 것
플랫케이블 콘넥터	1	FLAT-10P	케이블 양단에 조립, J2의 암컷

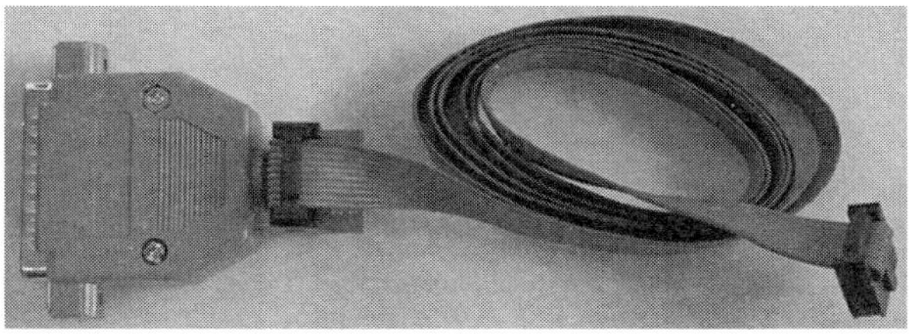

[그림 4.13] 조립이 완료된 AVR-ISP Parallel 다운로드 케이블

4.3.2 PonyProg 설치 및 사용법

이 절에서는 http://www.lancos.com에서 무료로 제공하는 PonyProg2000의 설치 및 사용방법을 캡쳐 사진과 함께 설명한다. RTEB-128 키트에서는 AVR Studio를 이용하여 C언어 프로그램을 작성한다. 이렇게 작성한 소스 파일을 컴파일하면 최종적으로 인텔 HEX 파일이 생성되는데 PonyProg2000은 이 HEX 파일을 RTEB-128 키트에 다운로드하는 프로그램이다.

PonyProg2000을 설치하는 방법을 다음과 같이 단계적으로 설명한다.

① 이 책의 CD에 있는 ponysetup.exe 파일을 더블 클릭하면 [그림 4.14]와 같은 설치 마법사 창이 나타난다. 라이센스에 동의하고 나면 실행파일인 PonyProg2000.exe가 C:₩Program Files₩PonyProg2000₩ 폴더에 설치되는데, 프로그램을 설치하고 나면 컴퓨터의 바탕화면에 바로가기 아이콘이 자동적으로 생성되지 않는다. 따라서 PonyProg2000.exe의 바로가기 아이콘을 만들어 두면 편리하게 프로그램을 사용할 수 있다.

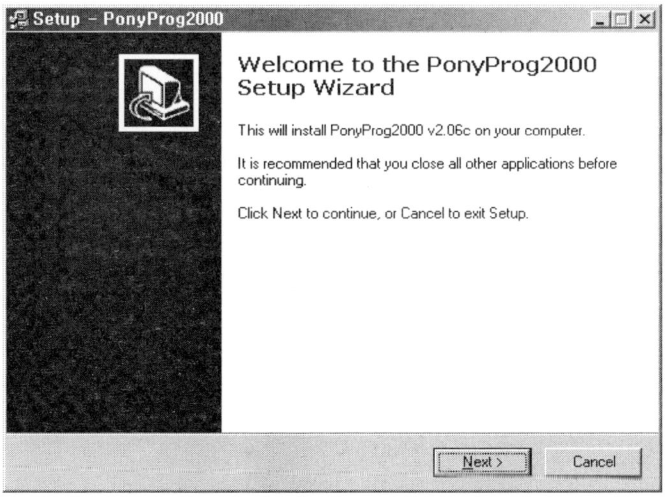

[그림 4.14] PonyProg2000 설치화면

② PonyProg2000 프로그램을 실행시키면 [그림 4.15]와 같은 시작화면이 나타난다. 우측 상단의 선택 옵션에서 AVR micro와 ATmega128을 선택한다.

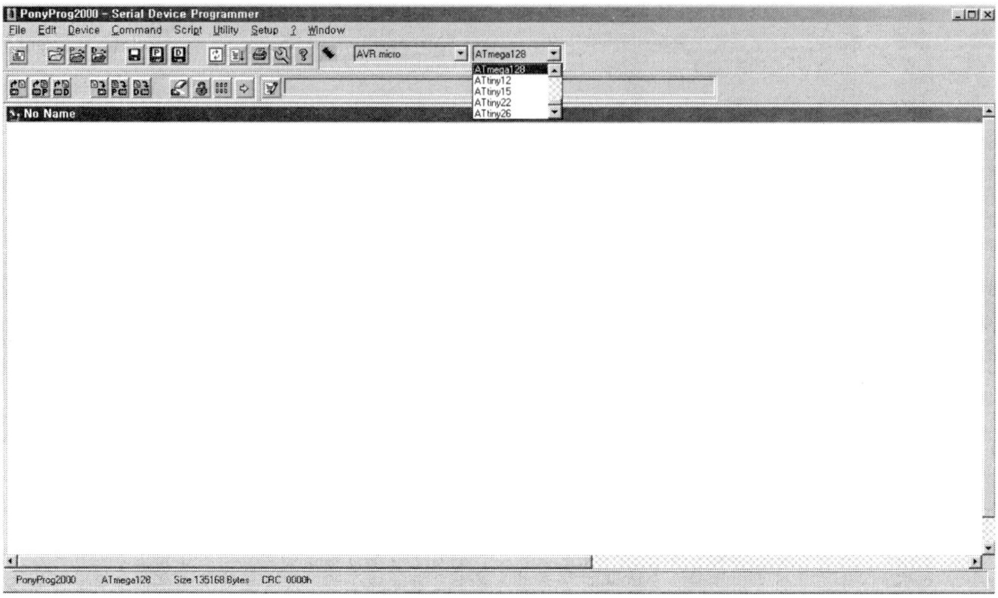

[그림 4.15] PonyProg2000의 시작화면

③ 시작화면의 Setup 메뉴에서 Interface Setup을 선택하고 [그림 4.16]과 같이 I/O Port Setup에서 Parallel, Avr ISP I/O, LPT1을 선택한다. RTEB-128 키트에서 병렬포트형 다운로드 케이블을 사용하기 때문에 이와 같이 지정한다.

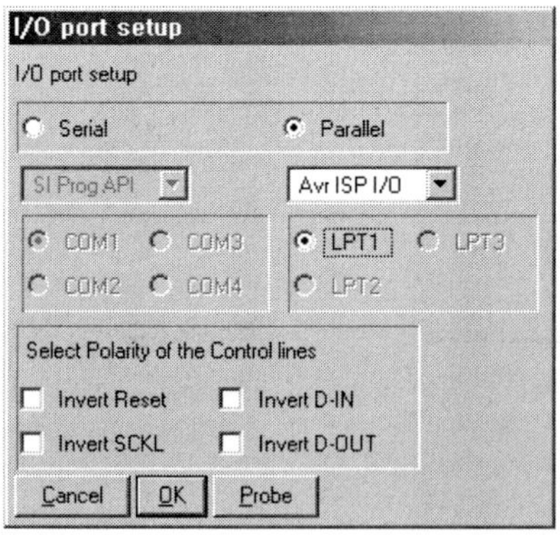

[그림 4.16] 다운로드 케이블의 하드웨어 인터페이스 설정

④ 그 다음 단계에서는 ATmega128의 퓨즈 비트를 설정한다. AVR 마이크로 컨트롤러는 내부에 메모리 록 비트나 퓨즈 비트를 가지고 있어서 이것들을 올바르게 설정해야만 MCU가 사용자의 의도대로 동작한다. 여기에서 메모리 록 기능은 프로그램 메모리의 내용을 외부에서 읽어볼 수 없도록 보안을 유지하는 것뿐만 아니라 실수로 프로그래밍이 수행되는 것을 방지하는 보호 기능이다. 그리고 퓨즈 비트는 MCU의 기본적인 시스템 설정용으로 사용된다.

PonyProg2000에서 ATmega128의 메모리 록 비트나 퓨즈 비트의 설정은 Command〉〉 Security and Configuration Bits... 메뉴를 눌러서 수행하며 [그림 4.17]의 팝업 창에서 Clear All 버튼을 누른 후 OK 버튼을 누름으로써 모든 체크 항목을 지운다.

[그림 4.17] 메모리 록 비트와 퓨즈 비트의 초기 설정

⑤ 다음은 사용자 프로그램을 다운로드하기 위해 메뉴에서 File≫Open Program (FLASH) File...을 클릭하여 이미 컴파일된 HEX 파일을 업로드 한다. 이 책의 '실습코드' 디렉토리에 있는 test.hex 파일을 불러온다.

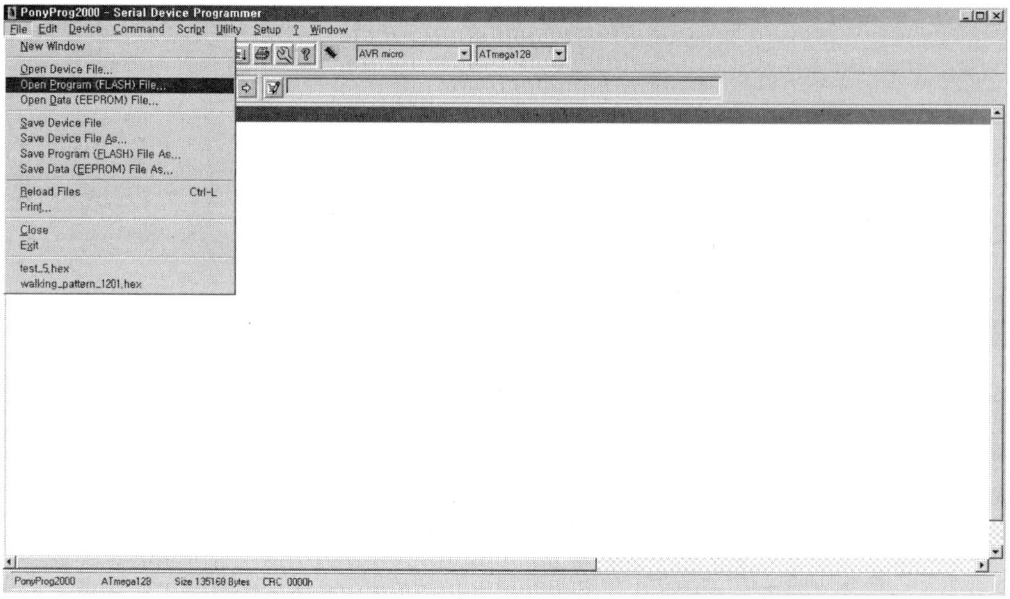

[그림 4.18] 다운로드할 인텔 HEX 형식의 사용자 플래시 파일을 불러오기

⑥ test.hex 파일을 선택하여 불러온 후 최종적으로 Command≫Program Options... 메뉴를 선택하여 그림과 같이 체크를 한 후 OK 버튼을 누른다.

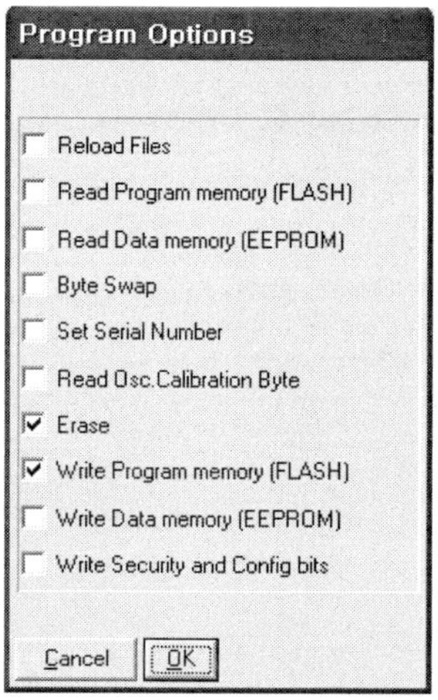

[그림 4.19] Program Option 옵션의 설정

⑦ 옵션 설정 후 최종적으로 test.hex 파일을 다운로드 하기 위해 메뉴에서 Command〉〉Write Program (FLASH)를 클릭하면 플래시 메모리의 삭제, HEX 파일의 다운로드, 그 다운로드 결과를 검사하는 과정이 차례로 수행된다. 이

때 ATmega128 칩의 플래시 메모리에 다운로드 하기 위해 ISP 케이블의 병렬 커넥터를 호스트 PC의 병렬 포트에 꽂고, RTEB-128 키트에는 10핀 커넥터를 꽂은 후 전원을 켜 두어야 한다.

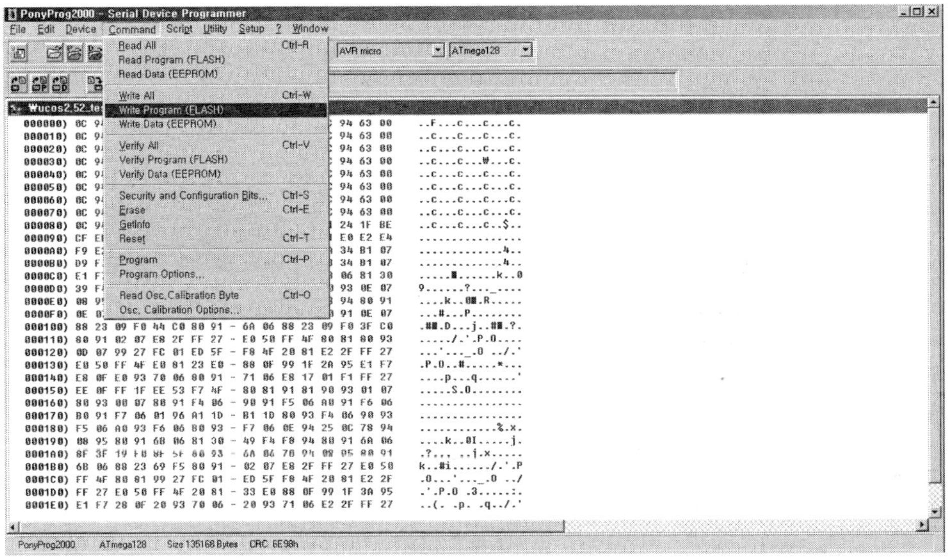

[그림 4.20] 일련적인 다운로드 동작의 수행

다운로드가 성공하면 "Write Successful"이라는 메시지 창이 뜨고, 아래쪽 두 개의 LED가 깜빡이며 'EX-1 Task test'라는 문자가 LCD 창에 기록된다.

4.4 AVR Studio의 설치 및 사용법

이 절에서는 Atmel사에서 무료로 제공하는 통합개발환경인 AVR Studio의 설치 및 사용방법을 설명한다. Windows XP 운영체제가 있는 PC에 AVR studio를 설치하는 방법은 다음과 같다.

① Atmel사의 홈페이지 http://www.atmel.com에서 AVR Studio V4.13 528 파일인 aStudio4b528.exe를 다운로드한다. 이 파일을 실행하면 압축이 풀리면서 프로그램 설치가 시작된다. [그림 4.21]에서 Change를 클릭하여 폴더를 C:₩Atmel₩AVR Tools로 수정한다.

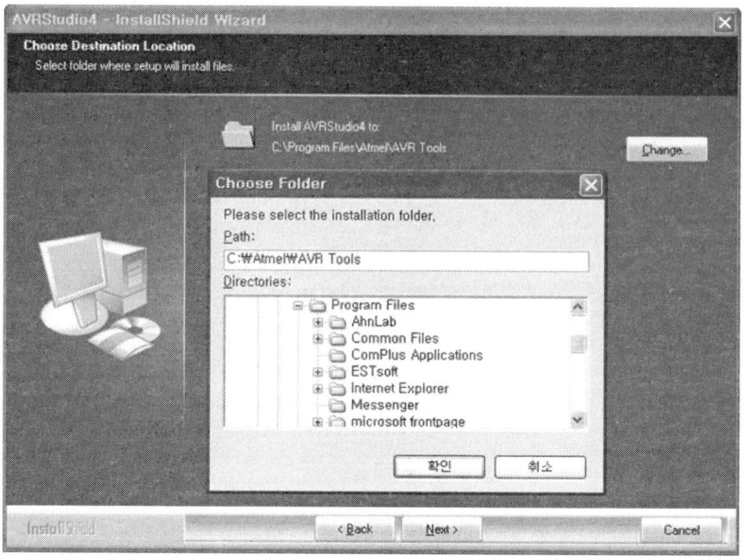

[그림 4.21] AVR Studio를 설치할 기본 폴더 변경

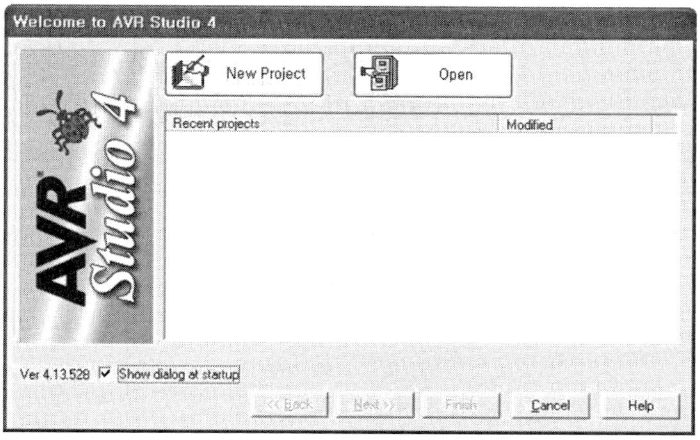

[그림 4.22] AVR Studio를 시작할 때 나타나는 프로젝트 선택 창

② AVR Studio4 아이콘을 더블 클릭하게 되면 [그림 4.23]과 같은 프로젝트 선택 창이 뜨게 된다. 여기서 New Project를 클릭하여 새 프로젝트를 만든다.

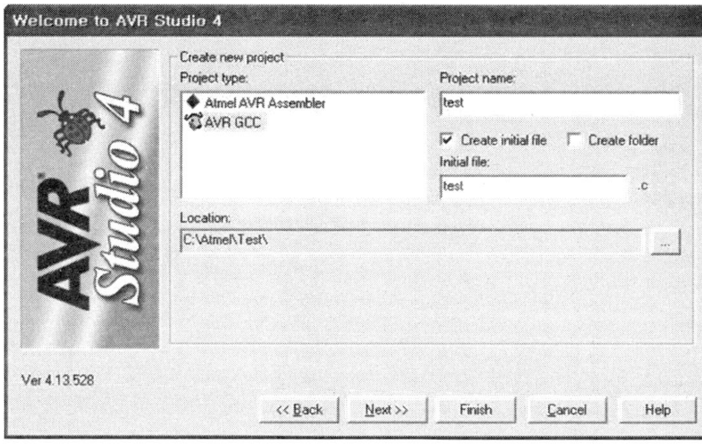

[그림 4.23] 새로운 프로젝트의 작성

③ [그림 4.24]에서와 같이 Project type에선 AVR GCC를 선택하며(AtmelAVR Assembler는 작성 코드가 어셈블러일 경우 선택함), Project name을 'test'로 설정하고 Create initial file을 설정한 후 initial file 이름을 'test'로 기입하며, 다음의 프로젝트를 저장할 경로를 지정 후 Next를 클릭한다.

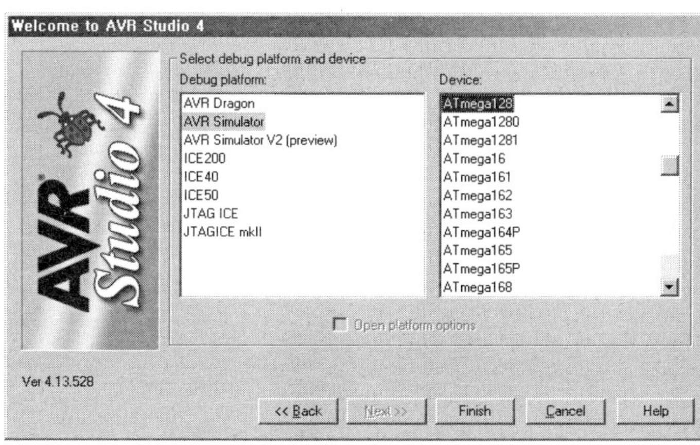

[그림 4.24] 디버그 플랫폼 및 디바이스 설정

④ 이 단계는 프로젝트 파일을 사용할 디바이스의 종류를 선택하는 화면이다. 먼저 Debug platform에서 AVR Simulator를 선택해주고 Device 창에서 ATmega128을 선택 후 Finish를 클릭한다. 또는 AVR Studio 메뉴에서 Debug>>Select Platform and Device를 선택하여 지정해도 된다.

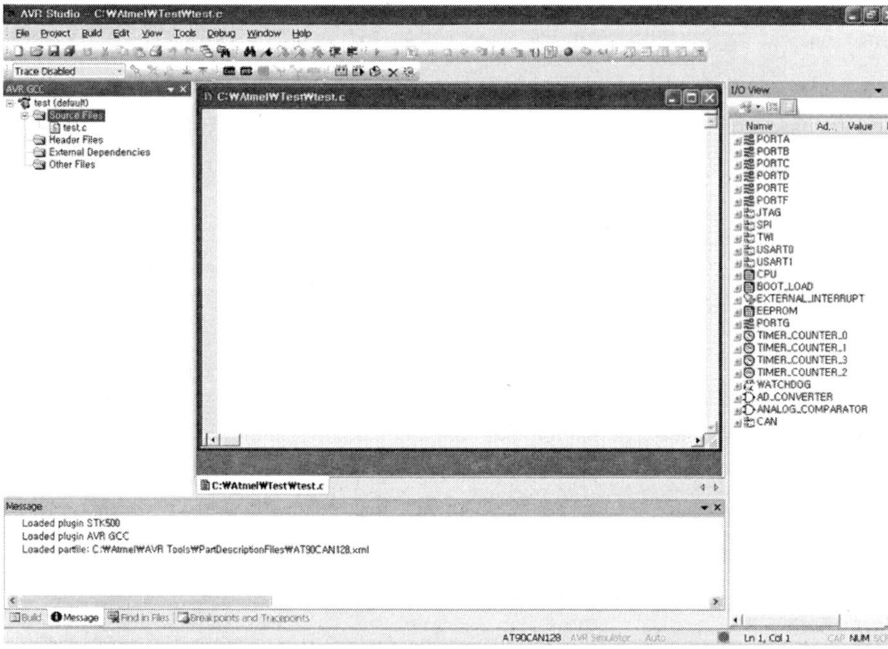

[그림 4.25] 새로운 프로젝트를 생성했을 때 나타나는 화면

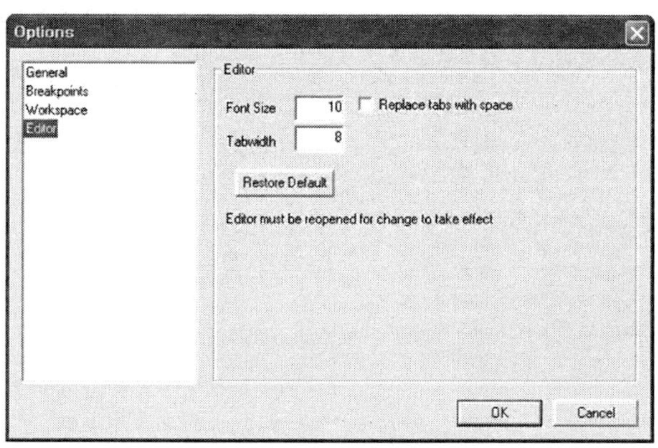

[그림 4.26] AVR Studio의 기본 옵션 설정

⑤ AVR Studio 전체 화면의 편집 창에서 소스 프로그램을 작성할 때 화면의 텍스트를 보기 좋게 사용하려면 [그림 4.26]에 보인 바와 같이 Tools≫Option≫Editor 메뉴에서 Font Size를 10으로, Tabwidth를 8로 설정하면 된다.

또한 전체 메뉴에서 Edit≫Font and Color를 클릭하여 소스 프로그램의 각 요소별로 문자 폰트나 색깔을 다르게 설정하면 가독성을 더욱 좋게 할 수도 있다.

⑥ 마지막으로 소스 코딩을 한 후 컴파일 동작을 수행하기 전에 적어도 한번은 Project≫Configuration Options≫General을 선택하여 [그림 4.27]처럼 AVR 마이크로 컨트롤러의 모델명과 시스템 클럭의 주파수 및 최적화 옵션을 지정해야 한다. 또한 반드시 인텔 hex 파일을 생성하도록 지정하며, 필요하면 메모리 맵 파일과 리스팅 파일을 생성하도록 체크해 준다.

시스템 클럭의 주파수는 반드시 Hz단위로 입력해야 하므로 만약 16MHz 크리스탈을 사용한다면 16000000으로 입력하며, 내부적으로는 여기에 unsigned long을 나타내는 UL이 덧붙여져서 16000000UL로 처리된다.

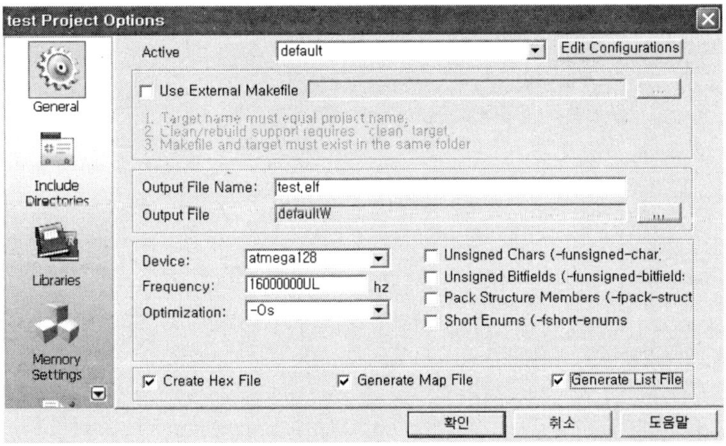

[그림 4.27] 컴파일을 수행하기 위한 출력 파일의 옵션 설정

4.5 uC/OS-II Porting

본 절에서는 실시간 임베디드 시스템 운영체제인 uC/OS-II를 RTEB-128 키트에 포팅하는 방법에 대해 설명한다. 포팅에 사용된 AVR_GCC는 20070122 버전이며, uC/OS-II는 2.52 버전을 사용한다.

① 이 책에 첨부된 CD의 '실습코드' 디렉토리에서 porting 폴더를 연다.

② porting 폴더에서 test.aps 파일을 실행하면 다음과 같은 AVR studio가 실행된다.

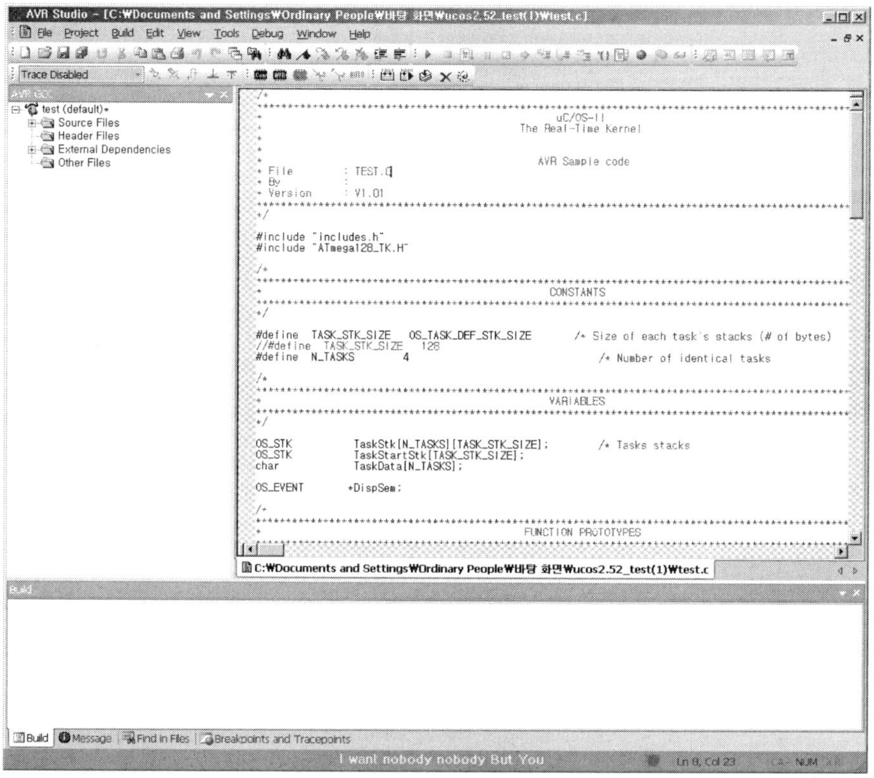

[그림 4.28] uC/OS-II porting 예제가 실행된 Avr Studio

③ 메뉴에 Build≫Compile을 선택하면 다음 그림과 같이 컴파일이 된 것을 확인할 수 있다.

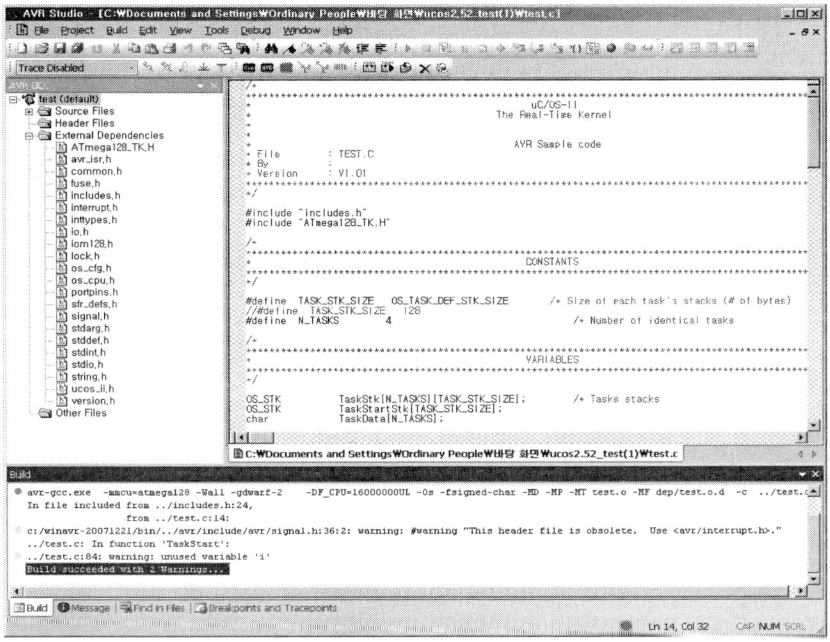

[그림 4.29] Compile 화면

④ 다시 메뉴에서 Build>>Build를 선택하여 해당 hex파일을 생성한다. Build 창에 다음과 같은 메시지가 나오면 Build가 완료된 것이다.

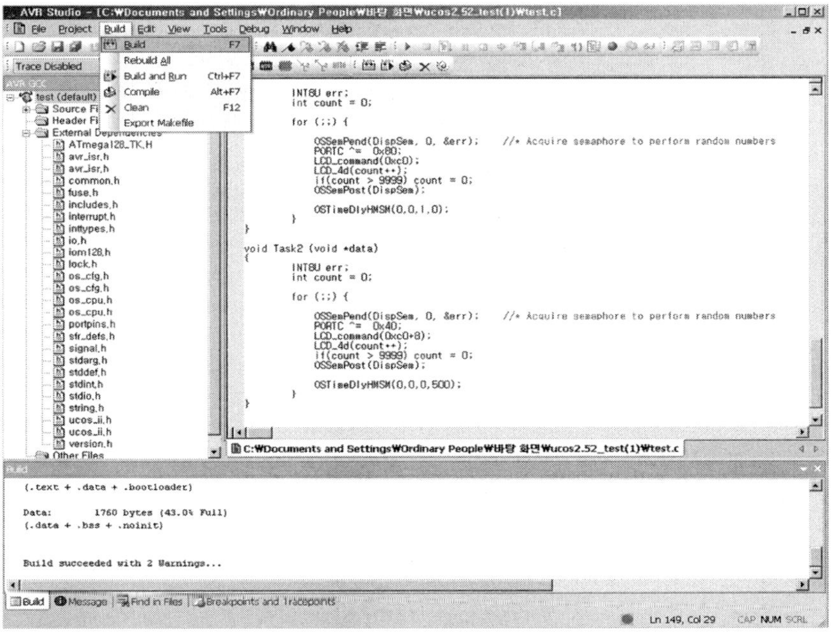

[그림 4.30] Build 화면

⑤ 이제 PonyProg2000을 실행한다. PonyProg2000에서 File≫Open Program (FLASH) file...을 선택하여 다음 그림과 같이 예제가 있는 폴더로 이동한다. 폴더에서 hex 파일은 default 폴더에 있다. 파일을 선택하면 다음 그림과 같이 PonyProg2000 화면에 파일 내용이 출력된다.

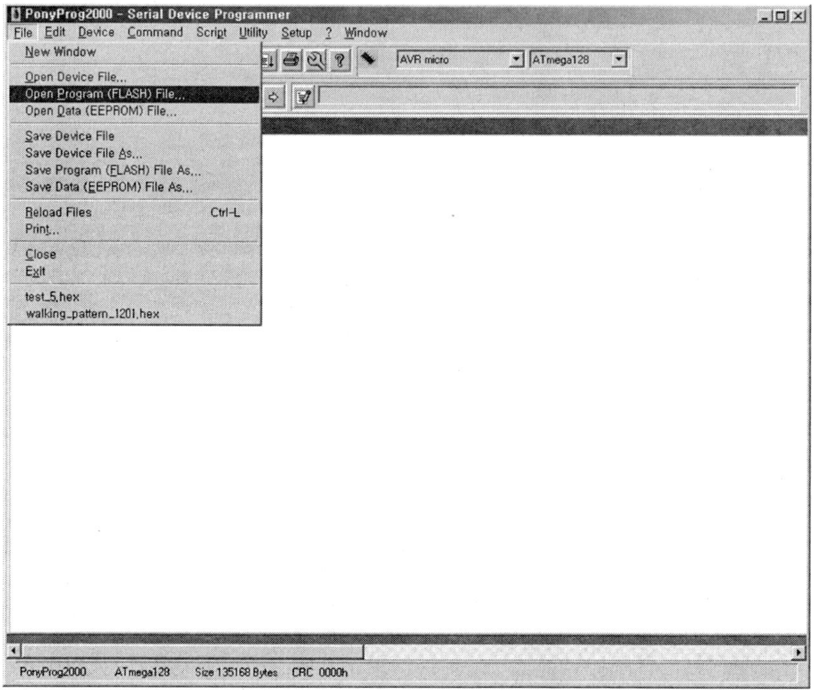

[그림 4.31] PonyProg2000 실행화면

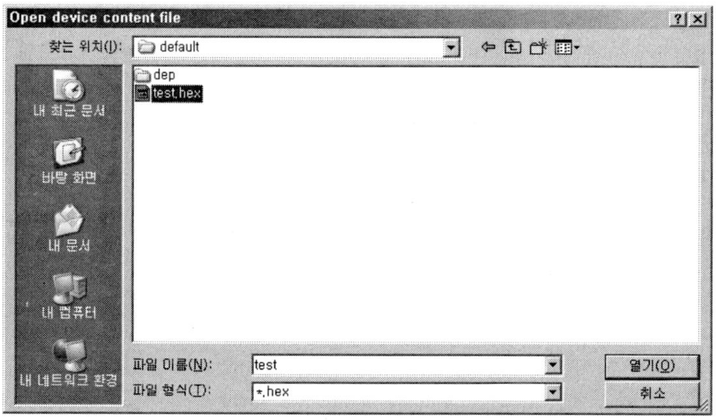

[그림 4.32] Hex 파일 선택

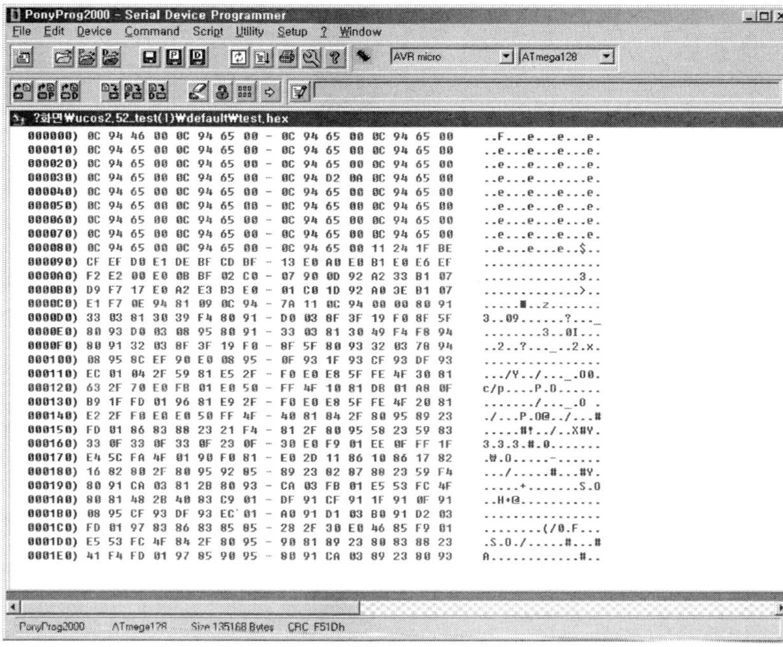

[그림 4.33] Hex 파일 Load 화면

⑥ 여기서 다음 그림과 같이 메뉴의 Command≫Write Program (Flash)을 선택하여 RTEB-128 보드에 포팅한다.

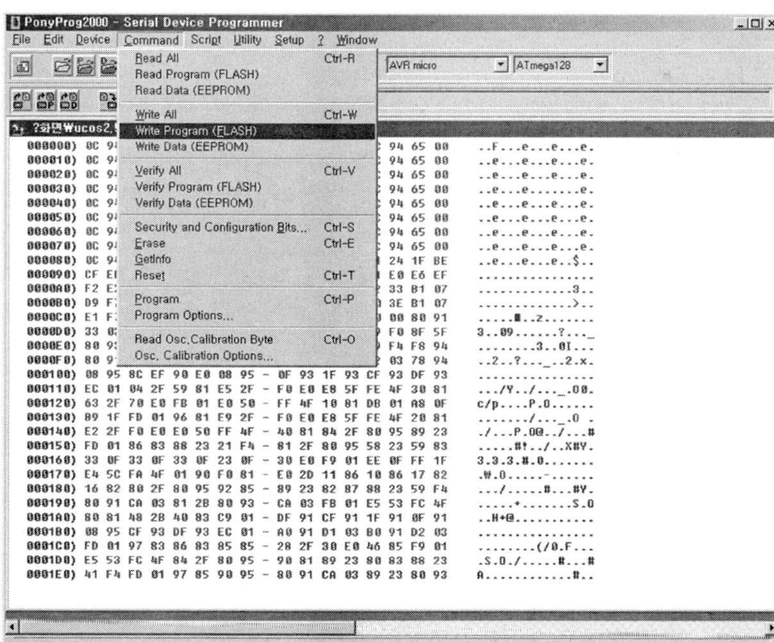

[그림 4.34] Write Program (Flash) 선택

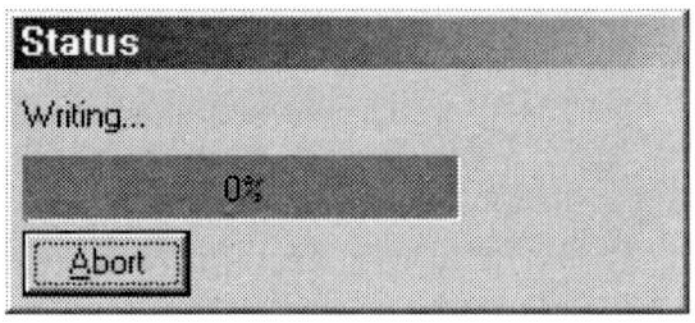

[그림 4.35] Writing Status 화면

⑦ Porting이 정상적으로 완료되었다면 해당 보드의 문자 LCD에는 "uC/OS-II 2.52"라고 출력되고 LED가 주기적으로 점등된다.

chapter

5 실 습

이 장에서는 임베디드 시스템을 설계하는 능력을 키우기 위해 7개의 예제를 제시하고 실습을 행한다. 컴파일러는 AVR studio를 사용하며, 컴파일된 hex 파일을 RTEB-128 보드에 포팅하여 구현했다.

5.1 Task 생성 및 사용

이번 예제에서는 uC/OS-II의 간단한 태스크를 생성하고 기본적인 멀티태스킹을 수행한다. 2개의 태스크를 생성하고 하나의 태스크에는 LED를 1초마다 깜빡이고 다른 하나의 태스크에는 LED를 0.5초마다 깜빡이게 된다.

다음은 실습코드의 '5.1 Task' 디렉토리에 있는 main_task.c 코드의 선언 부분을 설명한 것이다.

```
#include "includes.h"
#include "ATmega128_TK.H"

#define  TASK_STK_SIZE   OS_TASK_DEF_STK_SIZE
#define  N_TASKS         4

OS_STK         TaskStk[N_TASKS][TASK_STK_SIZE];
OS_STK         TaskStartStk[TASK_STK_SIZE];
char           TaskData[N_TASKS];
OS_EVENT       *DispSem;
```

■ **#include "includes.h"**

■ **#include "ATmega128_TK.H"**

2개의 헤더 파일이 include 되어 있으며 "includes.h" 파일에는 uC-OSII 운용에 관련된 모든 헤더파일들이 포함되어 있다(string.h, stdio.h, os_cpu.h, os_cfg.h, ucos_ii.h와 그 외의 ATmega128 관련 헤더파일들). 또한 "ATmega128_TK.H"에서는 AVR의 기본적인 설정이 정의되어 있다.

■ **#define TASK_STK_SIZE OS_TASK_DEF_STK_SIZE**

각 태스크의 스택의 크기를 설정해 준다. 본 예제에서는 default로서 128 byte로 설정되어 있다(os_cfg.h 참조). 그리고 TASK_STK_SIZE 값을 바꿈으로써 스택의 크기를 임의로 정할 수 있다.

■ **#define N_TASKS 4**

태스크의 수를 4로 설정한다.

■ **OS_STK TaskStk[N_TASKS][TASK_STK_SIZE];**

OS_STK은 스택의 데이터 타입이며, 각 태스크에 고유한 스택영역을 설정해준다.

■ **OS_STK TaskStartStk[TASK_STK_SIZE];**

스택의 최상위 어드레스를 OSTaskCreate( ) 함수로 넘겨줘야 하는데, 이 경우 TaskStartStk[ ]이 최상위 스택의 역할을 한다.

■ **char TaskData[N_TASKS];**

Task가 다루는 데이터로서 0~9까지의 ASCII 문자를 배열로 저장한다.

■ **OS_EVENT *DispSem;**

세마포어 사용을 준비한다.

다음은 main 함수를 나타내며 Atmega128 프로세서의 초기화와 LCD 초기화, OS의 초기화 등 각종 함수들을 초기화 시킨다.

```
int main (void)
{
   MCU_init( );
   Delay_ms(300);                         // Delay with 300 ms
   LCD_initialize( );

   LCD_string(0x80," EX-1 Task test "); // Display a string on LCD
   LCD_string(0xC0,"                ");
   OSInit( );
   DispSem = OSSemCreate(1);              // Display semaphore
   OSTaskCreate(TaskStart, (void*)0, (void*) &TaskStartStk
                                          [TASK_STK_SIZE - 1], 0);
   OSStart( );                            // Start multitasking
   return 0;
}
```

■ **MCU_init( ), LCD_initialize( );**

마이크로 프로세서인 ATmega128 프로세서와 문자 LCD를 초기화한다. 자세한 코드는 "ATmega128_TK.H" 파일을 열어보면 알 수 있다.

■ **OSInit( );**

uC/OS-II의 커널 서비스를 사용하기 위해서는 반드시 OSInit( )을 호출해야 한다. OSInit( )은 두 개의 태스크를 생성하는데, 하나는 OS_TaskIdle( )로 항상 실행준비 상태에 있는 태스크이며 가장 낮은 우선순위인 OS_LOWEST_PRIO로 설정되어 있다. 또 하나의 태스크는 통계 태스크인 OS_TaskStat( )로 CPU의 사용률을 계산한다.

■ **DispSem = OSSemCreate(1);**

이 태스크에서 사용하기 위한 세마포어를 생성하기 위해 OSSemCreate( )를 호출하고 1을 부여한다. OSSemCreate( )의 인자는 0에서 65,535 사이의 값이며, 0인 경우는 공유 자원이 사용 중이거나 이벤트가 발생하지 않았음을 나타낸다.

세마포어 OSSemCreate( )의 리턴 값은 이 세마포어에 할당된 이벤트 컨트롤 블록(Event control block, ECB)의 포인터이다. 참고로 세마포어는 동시에 한 자원을 여러 태스크가 접근하는 것을 막기 위해 커널이 제공하는 오브젝트이다.

■ **OSTaskCreate(TaskStart, (void *)0, (void *)&TaskStartStk[TASK_STK_SIZE - 1], 0);**

OSTaskCreate( )는 uC/OS-II에 의해 관리되는 태스크를 생성하며, 태스크는 멀티 태스킹을 시작하기 전 혹은 실행 중인 테스트에 의해 생성될 수 있다.

OSTaskCreate( ) 함수는 4개의 인자를 전달 받는다. 첫 번째 인자는 태스크 코드의 포인터이며 이 예제는 TaskStart( ) 함수를 가리킨다. 두 번째 인자는 태스크가 처음 실행될 때 전달시키고자 하는 데이터를 가리키는 포인터이다. 여기서는 전달할 값이 없으므로 NULL 포인터를 지정하였다. 세 번째 인자는 태스크의 TOS (top-of-stack)이다. 다른 대부분의 선점형 커널과 마찬가지로, uC/OS-II에서도 각 태스크는 고유한 스택영역이 필요하다. uC/OS-II의 각 태스크는 서로 다른 크기의 스택 영역을 가질 수 있지만 단순화를 위해 모두 같은 크기를 갖도록 했다. 80x86 CPU는 OS_STK_GROWTH가 1로 지정되어 스택이 아래 방향으로(메모리 주소가 높은 값에서 낮은 값으로) 증가한다. 그러므로 스택의 최상위 어드레스를 OSTaskCreate( ) 함수에 넘겨줘야 한다. 이 경우 TaskStartStk[ ]이 스택이며, 이 영역은 컴파일 시 할당된다. 마지막 네 번째 인자는 생성하려는 태스크의 우선순위이며, 가장 높은 우선순위인 0을 지정했다.

■ **OSStart( );**

멀티태스킹을 시작하기 위해 OSStart( ) 함수를 호출해서 uC/OS-II로 제어를 넘긴다. OSStart( )를 호출하기 전에 반드시 한 개 이상의 태스크를 생성해야 한다는 점을 주목하기 바라며, 이 사항이 지켜지지 않으면 응용 프로그램은 엉망이 되어 버린다.

OSStart( ) 함수의 임무는 생성된 태스크 중 가장 중요한 태스크를 고른 뒤, 그 태스크를 실행하는 것이다. 이 예제에는 uC/OS-II가 가장 낮은 우선순위 태스크인 IDLE 태스크와 통계 태스크를 생성 했으며, main( ) 함수가 우선순위 0인 TaskStart( )를 생성했다. 따라서 OSStart( )는 가장 먼저 실행할 태스크로 TaskStart( )를 실행시킨다.

OSStart( )는 main( )으로 돌아오지 않는다는 점을 주의해야 한다. 하지만 PC_DOSReturn( )을 호출하면 멀티태스킹이 멈추고 응용프로그램은 다시 DOS로 돌아온다.

다음은 본 태스크에서 실행되는 TaskStart의 코드이다.

```
void TaskStart (void *data)
{
    data = data;                    //  Prevent compiler warning

    OS_ENTER_CRITICAL( );
    TCCR1B = 0x05;
    TIMSK  = _BV(TOIE1);
    TCNT1H = ((65536-(CPU_CLOCK_HZ/OS_TICKS_PER_SEC/1024))>>8);
    TCNT1L = ((65536-(CPU_CLOCK_HZ/OS_TICKS_PER_SEC/1024))&0xFF);
    OS_EXIT_CRITICAL( );

    OSStatInit( );              // Initialize uC/OS-II's statistics
    OSTaskCreate(Task1, (void *)0, (void *)
                &TaskStk[0][TASK_STK_SIZE - 1], 1);
    OSTaskCreate(Task2, (void *)0, (void *)
                &TaskStk[1][TASK_STK_SIZE - 1], 2);

    for (;;) {
        OSCtxSwCtr = 0;         // static counter for context switch
        OSTimeDlyHMSM(0, 0, 1, 0);  // Wait one second
    }
}
```

- **OS_ENTER_CRITICAL( );**

  OS_ENTER_CRITICAL( )은 기본적으로 프로세서 의존적인 매크로이며 인터럽트를 비활성화하기 위해 사용된다.

- **TCCR1B = 0x05;**
- **TIMSK = _BV(TOIE1);**
- **TCNT1H = ((65536-(CPU_CLOCK_HZ/OS_TICKS_PER_SEC/1024))>>8);**
- **TCNT1L = ((65536-(CPU_CLOCK_HZ/OS_TICKS_PER_SEC/1024))&0xFF);**

  timer1은 16bit 타이머/카운터이기 때문에 알맞은 타이머를 설정해 준다.

- **OS_EXIT_CRITICAL( );**

  이 매크로 역시 프로세서에 의존적이며 인터럽트를 다시 활성화하는 일을 한다. OS_ENTER_CRITICAL( )과 OS_EXIT_CRITICAL( ) 매크로는 반드시 쌍으로 호출되어야 한다.

- **OSStatInit( )**

  CPU의 성능을 측정하기 위해 OSStatInit( ) 함수를 호출한다. 이 함수는 모든 태스크가 CPU를 실제 몇 %나 사용하는지 uC/OS-II가 알 수 있도록 해준다.

- **OSTimeDlyHMSM(0,0,1,0);**

  OSTimeDlyHMSM( )은 태스크 자신을 지정한 시간 동안 대기 상태로 지연시킨다. 이 때 시간은 시(0~255 사이), 분(0~59 사이), 초(0~59 사이), 밀리초(0~999 사이) 단위로 각각 지정할 수 있다. 이 함수는 OSTimeDly( ) 함수보다 더 직접적으로 시간을 지정할 수 있으며, 지정한 시간이 0 이상이면 항상 rescheduling이 발생한다.

다음은 TaskStart 함수에서 발생시킨 두 개의 단위 태스크에 관한 코드를 나타낸다.

```
void Task1 (void *data)
{
     INT8U err;
     int  count = 0;

     for (;;) {
               OSSemPend(DispSem, 0, &err);
                              // Acquire semaphore to display

               PORTC ^=  0x80;
               LCD_command(0xc0+1);
               LCD_4d(count++);
               if(count > 9999) count = 0;
               OSSemPost(DispSem);
               OSTimeDlyHMSM(0,0,1,0);
     }
}

void Task2 (void *data)
{
     INT8U err;
     int  count = 0;

     for (;;) {
               OSSemPend(DispSem, 0, &err);
                              // Acquire semaphore to dispaly
```

```
                PORTC ^=  0x40;
                LCD_command(0xc0+8);
                LCD_4d(count++);
                if(count > 9999) count = 0;
                OSSemPost(DispSem);
                OSTimeDlyHMSM(0,0,0,500);
        }
}
```

■ **OSSemPend(DispSem, 0, &err);**

이 태스크는 디스플레이하기 위해 세마포어를 획득하는 것으로 시작한다. 만약 어떤 태스크가 0보다 큰 세마포어를 가지고 있으면, OSSemPend( ) 호출시 세마포어를 1 감소시키고 호출한 함수에게 리턴한다. 세마포어를 획득하려면 OSSemPend( )를 호출할 때 세마포어의 핸들을 전해줘야 한다. OSSemPend( )의 두 번째 인자는 타임아웃 값을 지정한다. 이 값이 0으로 설정되어 있으면 태스크는 세마포어를 얻을 때까지 영원히 기나린다.

■ **OSSemPost(DispSem);**

OSSemPost( )가 호출되면 어떤 태스크는 보유하고 있던 세마포어를 반납한다. 만약 어떤 태스크들이 그 세마포어를 기다리고 있었다면 OSSemPost( )는 그 세마포어를 기다리던 태스크 중 가장 높은 우선순위를 갖는 태스크를 대기 리스트에서 삭제하고 실행 대기 상태로 만든다.

5.2 메시지 메일박스 관리

이 예제에서는 메시지 메일박스를 이용하는 방법을 알아보도록 한다. 메시지 메일박스(줄여서 메일박스라 부른다)는 uC/OS-II에서 제공하는 커널 오브젝트로, 태스크 또는 ISR에서 다른 태스크로 포인터 변수를 전송시키는 역할을 한다. 예제에서는 4개의 태스크를 생성하는데, 2개의 LED 동작 태스크와 메일박스 A~Z까지를 만들어 송신하는 태스크, 그리고 이를 수신하여 LCD에 디스플레이 하는 태스크이다.

다음은 실습코드의 '5.2 Mbox' 디렉토리에 있는 main_mbox.c 코드의 선언 부분과 main 함수를 설명한 것이다.

```
OS_EVENT   *DispSem;
OS_EVENT   *AckMbox;
OS_EVENT   *TxMbox;

int  main (void)
{
     MCU_init( );
     Delay_ms(300);
     LCD_initialize( );
     LCD_string(0x80," EX-2 Mbox test ");
     LCD_string(0xC0,"                ");
     OSInit( );
     DispSem = OSSemCreate(1);               // Display semaphore
     AckMbox = OSMboxCreate((void *)0);
     TxMbox  = OSMboxCreate((void *)0);
     OSTaskCreate(TaskStart, (void *)0, (void *)
                  &TaskStartStk[TASK_STK_SIZE - 1], 0);
     OSStart( );                        /* Start multitasking    */
     return 0;
}
```

- **AckMbox = OSMboxCreate((void *)0);**
- **TxMbox = OSMboxCreate((void *)0);**

메일 박스를 사용하려면 생성 과정을 거쳐야 한다. 메일 박스를 생성하는 함수는 OSMboxCreate(void *msg)이고, 전달인자는 msg로서 메시지 메일박스를 생성할 때 넣어둘 수 있는 메시지 포인터이다. 이 값을 NULL로 지정하면 메시지 메일박스는 비어있는 상태로 생성되고, NULL이 아닌 경우 메시지를 가진 상태로 생성된다. 대개의 경우 초기 포인터는 NULL 값으로 지정하지만 처음부터 메시지를 포함하도록 할 수 있다. 이벤트의 발생을 알리는 목적으로 메일박스를 사용하고자 한다면 초기 상태를 '이벤트가 발생하지 않는 상태'로 만들어야 하기 때문에 메일 박스를 NULL 포인터로 초기화해야 한다. 그리고 메일 박스를 공유 자원 액세스 제어의 목적으로 사용하고자 할 때는 NULL 값이 아닌 값으로 메일 박스를 초기화해야 한다. 이 경우는 메일박스를 바이너리 세마포어처럼 사용하는 경우이다.

OSMboxCreate( )는 생성된 메시지 메일박스에 대한 ECB(이벤트 컨트롤 블록) 포인터를 리턴한다. 만약 ECB 할당에 실패하여 메시지 메일박스를 생성하지 못했다면 NULL 값을 반환한다. 다음 코드는 메일 박스를 생성하는 코드이다.

```
OS_EVENT  *OSMboxCreate (void *msg)
{
    #if OS_CRITICAL__METHOD == 3
        OS_CPU_SR  cpu_sr;
    #endif

    OS_EVENT *pevent

    if (OSIntNesting > 0)  {
     return ((OS_EVENT *)0);
    }
    OS_ENTER_CRITICAL( );
    pevent = OSEventFreeList;

    If (OSEventFreeList != (OS_EVENT *)0) {
     OSEventFreeList = (OS_EVENT *) OSEventFreeList->OSEventPtr;
    }

    OS_EXIT_CRITICAL( );
    if (pevent != (OS_EVENT *)0) {
        pevent->OSEventType = OS_EVENT_TYPE_MBOX;
        pevent->OSEventCnt   = 0;
        pevent->OSEventPtr   = msg;
        OS_EventWaitListInit(pevent);
    }
    return (pevent);
}
```

```
#if OS_CRITICAL__METHOD == 3
   OS_CPU_SR  cpu_sr;
#endif
```

☞ OS_CRITICAL_METHOD #3은 상호배제 시 인터럽트를 비활성화하기 전에 processor status word(PSW) 값을 획득한 후 C 함수 내에 선언된 지역 변수에 저장하는 방법이다. 이를 위해 지역변수 레지스터 cpu_sr을 할당한다.

```
if (OSIntNesting > 0)  {
   return ((OS_EVENT *)0);
}
```

☞ OSMboxCreate( ) 함수는 ISR에서 이 함수를 호출하면 안 되기 때문에 ISR에서 자신을 호출한 것이 아닌지 확인하는 과정이 필요하다.

```
pevent = OSEventFreeList;
```

☞ 자유 ECB 리스트 중 한 개를 받으려고 시도한다.

```
If (OSEventFreeList != (OS_EVENT *)0) {
    OSEventFreeList = (OS_EVENT *) OSEventFreeList->OSEventPtr;
}
```

☞ ECB를 한 개 할당 받을 때마다, 자유 ECB 리스트가 다음 비어있는 ECB를 가리키도록 조정한다. 이 때, 비어있는 ECB 할당에 실패했다면 OSMboxCreate( ) 함수는 NULL 포인터를 리턴한다. 함수를 호출할 때는 리턴 값을 점검해서 원하는 결과를 얻었는지 확인하는 습관을 들여야 한다. uC/OS-II는 함수 내에서 전달 인자를 검증하기 때문에 NULL 포인터를 넘겨줘도 함수가 실패하지 않는다.

[그림 5.1]은 OSMboxCreate( )가 리턴되기 직전의 ECB 내용을 보여준다.

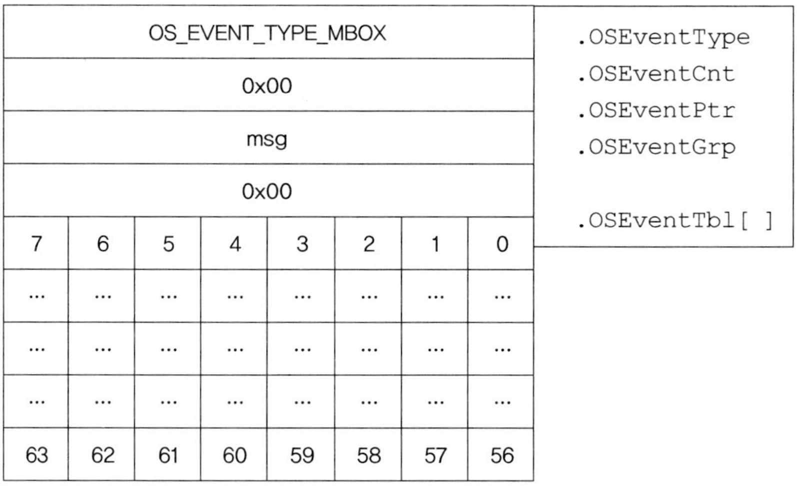

[그림 5.1] 메시지 박스 구조체

다음은 메일박스의 기본적인 함수들에 대한 설명이다.

```
void *OSMboxAccept(OS_EVENT *pevent);
```

☞ OSMboxAccept( ) 함수를 사용하여 지정한 메일박스로부터 메시지를 받아올 수 있다. OSMboxAccept( ) 함수는 OSMboxPend( ) 함수와는 달리 메시지가 없는 경우, 태스크를 대기 상태로 만들지 않는다. 반면에 메시지를 사용 가능하면 해당 메시지를 가져오고 메일박스를 비운다. 이 함수는 일반적으로 ISR에서 사용하는데, ISR은 절대 대기 상태가 되면 안 되기 때문이다.

전달인자는 pevent를 사용하는데 메시지를 받아오고자 하는 메일박스를 가리키는 ECB 포인터이다.

void *OSMboxPend(OS_EVENT *pevent, INT16U timeout, INT8U *err);

☞ OSMboxPend( ) 함수는 태스크가 메일박스로부터 메시지를 받아오기 위해 사용한다. 이 메시지는 다른 태스크나 ISR에서 보낼 수 있다. 수신된 메시지는 포인터 크기의 변수로, 응용프로그램에서 사용목적에 따라 정의해서 사용한다. OSMboxPend( ) 함수를 호출했을 때 메일 박스에 메시지가 들어있다면 그 메시지를 꺼내고 메일박스를 비운 후 해당 메시지를 OSMboxPend( ) 함수 호출자로 넘긴다. 이때 메일박스에 메시지가 없는 상태라면, OSMboxPend( ) 함수는 호출한 태스크를 대기 상태로 만든다. 이 태스크는 메시지가 도착하거나 지정한 타임아웃이 만료될 때 깨어나서 준비상태가 된다.

여러 개의 태스크가 하나의 메일박스에서 메시지를 대기하고 있을 때 메시지가 메일박스에 도착하면, μC/OS-II는 가장 높은 우선순위의 태스크를 준비상태로 만들어 메시지를 보낸다. OSMboxPend( ) 함수에 의해 일시적으로 지연된 태스크도 메시지를 받을 수 있지만, OSMboxPend( )에 의해 일시적인 지연이 풀릴 때까지는 준비상태가 되지 못한다.

OSMboxPend( ) 함수는 전달인자로서 pevent, timeout, err을 사용하는데 pevent는 메시지를 받아 오고자 하는 메일박스를 가리키는 ECB 포인터로 이 값은 응용프로그램에서 메시지 메일박스를 생성할 때 얻는다. timeout은 클럭 틱 단위로 지정하는 메시지 대기 타임아웃 시간으로 이 값이 0이면 메시지를 무한히 기다리는 것을 의미하며, 최대 65,535 클럭 틱까지 지정할 수 있다. err은 OSMboxPend( ) 수행 결과를 나타낸다. 즉 OS_NO_ERR은 메시지 수신에 성공한 경우를, OS_TIMEOUT은 지정한 타임아웃 시간 동안 메시지를 받지 못했을 경우를, OS_ERR_PEND_ISR은 이 함수를 ISR에서 호출했으며 메일박스에 메시지가 없는 경우를 각각 나타낸다. 이 중 리턴 값이 OS_NO_ERR일 경우 OSMboxPend( )는 수신한 메시지를 리턴한다.

INT8U OSMboxPost(OS_EVENT *pevent, void *msg);

☞ OSMboxPost( ) 함수는 메일박스를 통해 메시지를 보낼 때 사용하는 함수다. 메시지는 포인터 크기의 변수이며, 응용프로그램에 따라 정의하여 사용한다. 만약 메일박스에 이미 메시지가 들어 있다면 메일박스가 차 있다는 사실을 알리는 에러 코드를 리턴 한다. 대상 메일박스에 메시지를 대기하고 있는 태스크가 존재하는 경우, 최고 우선순위의 태스크가 메시지를 받아서 준

비상태가 된다. 이때 준비상태가 된 태스크가 메시지를 보낸 태스크보다 높은 우선순위를 가지고 있다면, 즉시 문맥전환이 일어난다.

OSMboxPost( ) 함수의 전달인자는 pevent와 msg를 사용하는데 pevent는 메시지를 보내고자 하는 메일박스를 가리키는 이벤트 컨트롤 블록 포인터로 이 값은 응용프로그램에서 메시지 메일박스 생성 시 얻는다. msg는 보내고자 하는 포인터 크기의 변수이며, 응용프로그램에 따라 정의해서 사용한다. NULL 값은 메일박스가 빈 것을 나타내기 때문에 msg를 NULL로 지정하면 안 된다.

OSMboxPost( )는 다음 값을 리턴할 수 있다. OS_NO_ERR은 메시지가 성공적으로 메일박스에 전송된 경우를, OS_MBOX_FULL은 메일박스에 이미 메시지가 들어있는 경우를, OS_ERR_EVENT_TYPE은 pevent가 메시지 메일박스를 가리키고 있지 않은 경우를 각각 나타낸다.

INT8U OSMboxQuery(OS_EVENT *pevent, OS_MBOX_DATA *pdata);

☞ OSMboxQuery( ) 함수는 메시지 메일박스에 대한 정보를 얻어오는 함수이다. 응용 프로그램에서는 OS_MBOX_DATA 타입의 구조체를 정의해서 해당 포인터를 넘겨줘야 한다. OSMboxQuery( )에서 태스크들이 해당 메일박스에 대기 중인지, 얼마나 많은 태스크가 대기 중인지를 알아낼 수 있다. 또 현재 메일박스가 가지고 있는 메시지에 대한 정보도 얻을 수 있다.

OSMboxQuery( ) 함수는 전달인자로서 pevent와 pdata를 사용하는데 pevent는 메일박스를 가리키는 ECB 포인터로, 이 값은 응용프로그램에서 메시지 메일박스를 생성할 때 얻는다.

pdata는 OS_MBOX_DATA타입의 구조체 포인터로 해당 구조체는 아래와 같은 필드를 포함한다.

```
void *OSMsg;          /* 메일박스에 들어있는 메시지의 복사본 */
INT8U OSEventTbl[OS_EVENT_TBL_SIZE];
                      /* 메일박스 대기 리스트의 복사본 */
INT8U OSEventGrp;
```

☞ OSMboxQuery( )는 다음 값을 리턴할 수 있다. OS_NO_ERR는 함수를 성공적으로 수행한 경우, OS_ERR_EVENT_TYPE은 pevent가 메시지 메일박스를 가리키고 있지 않은 경우를 각각 나타낸다.

5.3 메시지 큐

메시지 큐는 포인터 크기의 변수를 태스크나 ISR에서 다른 태스크로 전달할 수 있도록 하는 커널 오브젝트이다. 이 때 사용하는 포인터는 일반적으로 응용 프로그램에서 정의하는 "메시지" 자료 형을 가리킨다.

다음은 실습코드의 '5.3 MsgQ' 디렉토리에 있는 main_msgQ.c 코드의 선언 부분과 main 함수를 설명한 것이다.

```
#include "includes.h"
#include "ATmega128_TK.H"

#define    TASK_STK_SIZE      OS_TASK_DEF_STK_SIZE
#define    N_TASKS            5
#define    TASK_START_ID      0
#define    TASK_1_ID          1
#define    TASK_2_ID          2
#define    TASK_3_ID          3
#define    TASK_4_ID          4
#define    TASK_5_ID          5
#define    TASK_START_PRIO    10
#define    TASK_1_PRIO        11
#define    TASK_2_PRIO        12
#define    TASK_3_PRIO        13
#define    TASK_4_PRIO        14
#define    TASK_5_PRIO        15
#define    MSG_QUEUE_SIZE     20

typedef struct {
   char    TaskName[30];
   INT16U  TaskCtr;
   INT16U  TaskExecTime;
   INT32U  TaskTotExecTime;
} TASK_USER_DATA;
OS_STK  TaskStartStk[TASK_STK_SIZE];
OS_STK  Task1Stk[TASK_STK_SIZE];
OS_STK  Task2Stk[TASK_STK_SIZE];
OS_STK  Task3Stk[TASK_STK_SIZE];
OS_STK  Task4Stk[TASK_STK_SIZE];
OS_STK  Task5Stk[TASK_STK_SIZE];
```

```
TASK_USER_DATA  TaskUserData[7];

OS_EVENT       *MsgQueue;

void    *MsgQueueTbl[20];
void    Task1(void *data);
void    Task2(void *data);
void    Task3(void *data);
void    Task4(void *data);
void    Task5(void *data);
void    TaskStart(void *data);

int  main (void)
{
     MCU_init( );
     Delay_ms(300);
     LCD_initialize( );

     LCD_string(0x80," Ex-4 MsgQ test ");
     LCD_string(0xC0," Msg =          ");

     OSInit( );
strcpy(TaskUserData[TASK_START_ID].TaskName, "StartTask");
    OSTaskCreateExt(TaskStart,
                (void *)0,
                &TaskStartStk[TASK_STK_SIZE - 1],
                TASK_START_PRIO,
                TASK_START_ID,
                &TaskStartStk[0],
                TASK_STK_SIZE,
                &TaskUserData[TASK_START_ID],
                0);
     OSStart( );    // Start multitasking
     return 0;
}

void TaskStart (void *data)
{
    data = data;

    OS_ENTER_CRITICAL( );
```

```
    TCCR1B = 0x05;
    TIMSK  = _BV(TOIE1);

    TCNT1H = ((65536-(CPU_CLOCK_HZ/OS_TICKS_PER_SEC/1024))>>8);
    TCNT1L = ((65536-(CPU_CLOCK_HZ/OS_TICKS_PER_SEC/1024))&0xFF);

    OS_EXIT_CRITICAL( );

    OSStatInit( );
    MsgQueue = OSQCreate(&MsgQueueTbl[0], MSG_QUEUE_SIZE);

    TaskStartCreateTasks( );
   for (;;) {
        OSCtxSwCtr = 0;
        OSTimeDlyHMSM(0, 0, 1, 0);
                                                    }
}

void TaskStartCreateTasks (void)
{
    strcpy(TaskUserData[TASK_1_ID].TaskName, "MsgQ Rx Task");
    OSTaskCreateExt(Task1,
                    (void *)0,
                    &Task1Stk[TASK_STK_SIZE - 1],
                    TASK_1_PRIO,
                    TASK_1_ID,
                    &Task1Stk[0],
                    TASK_STK_SIZE,
                    &TaskUserData[TASK_1_ID],
                    0);
    strcpy(TaskUserData[TASK_2_ID].TaskName, "MsgQ Tx Task #2");
    OSTaskCreateExt(Task2,
                    (void *)0,
                    &Task2Stk[TASK_STK_SIZE - 1],
                    TASK_2_PRIO,
                    TASK_2_ID,
                    &Task2Stk[0],
                    TASK_STK_SIZE,
                    &TaskUserData[TASK_2_ID],
                    0);
    strcpy(TaskUserData[TASK_3_ID].TaskName, "MsgQ Tx Task #3");
```

```
    OSTaskCreateExt(Task3,
                    (void *)0,
                    &Task3Stk[TASK_STK_SIZE - 1],
                    TASK_3_PRIO,
                    TASK_3_ID,
                    &Task3Stk[0],
                    TASK_STK_SIZE,
                    &TaskUserData[TASK_3_ID],
                    0);
    strcpy(TaskUserData[TASK_4_ID].TaskName, "MsgQ Tx Task #4");
    OSTaskCreateExt(Task4,
                    (void *)0,
                    &Task4Stk[TASK_STK_SIZE - 1],
                    TASK_4_PRIO,
                    TASK_4_ID,
                    &Task4Stk[0],
                    TASK_STK_SIZE,
                    &TaskUserData[TASK_4_ID],
                    0);
    strcpy(TaskUserData[TASK_5_ID].TaskName, "TimeDlyTask");
    OSTaskCreateExt(Task5,
                    (void *)0,
                    &Task5Stk[TASK_STK_SIZE - 1],
                    TASK_5_PRIO,
                    TASK_5_ID,
                    &Task5Stk[0],
                    TASK_STK_SIZE,
                    &TaskUserData[TASK_5_ID],
                    0);
}

void  Task1 (void *pdata)
{
    char  *msg;
    INT8U  err;

    pdata = pdata;
    for (;;) {
        msg = (char *)OSQPend(MsgQueue, 0, &err);
         LCD_string(0xc0+7, msg);
        OSTimeDlyHMSM(0, 0, 0, 100);
    }
```

```
}

void Task2 (void *pdata)
{
    char msg[20];
    pdata = pdata;
    strcpy(&msg[0], "Task 2");
    for (;;) {
        OSQPost(MsgQueue, (void *)&msg[0]);
        OSTimeDlyHMSM(0, 0, 0, 500);
    }
}

void Task3 (void *pdata)
{
    char msg[20];
    pdata = pdata;
    strcpy(&msg[0], "Task 3");
    for (;;) {
        OSQPost(MsgQueue, (void *)&msg[0]);
        OSTimeDlyHMSM(0, 0, 0, 500);
    }
}

void Task4 (void *pdata)
{
    char msg[20];

    pdata = pdata;
    strcpy(&msg[0], "Task 4");
    for (;;) {
        OSQPost(MsgQueue, (void *)&msg[0]);
        OSTimeDlyHMSM(0, 0, 0, 500);
    }
}

void Task5 (void *pdata)
{
    pdata = pdata;
    for (;;) {
        OSTimeDlyHMSM(0, 0, 0, 100);
    }
}
```

uC/OS-II는 메시지 큐를 엑세스하는 용도로 9개의 함수를 제공한다. 이 함수들은 OSQCreate( ), OSQDel( ), OSQPend( ), OSQPost( ), OSQPostFront( ), OSQPostOpt( ), OSQAccept( ), OSQFlush( ), OSQQuery( )이다.

uC/OS-II의 메시지 큐 서비스를 활성화 하려면 OS_CFG.H에 있는 관련 상수들을 적절히 설정해야한다. 특정 서비스를 활성화하려면 단순히 해당 설정상수를 1로 설정하면 되며, OS_Q_EN을 0으로 설정하면 어떤 메시지 큐 서비스도 활성화되지 않는다는 점에 주의해야 한다.

메시지 큐 서비스를 사용할 경우 uC/OS-II는 OSQCreate( )와 OSQPend( )가 반드시 필요하기 때문에 이 두 함수는 다른 서비스와 달리 독립적으로 비활성화 할 수 없다. 그러나 3개의 전송 서비스 즉, OSQPost( ), OSQPostFront( ), OSQPostOpt( ) 중 하나는 반드시 활성화 되어야 한다.

[그림 5.2]는 태스크, ISR, 그리고 메시지 큐 사이의 관계를 설명하는 플로우 다이어그램이다. 메시지 큐는 메일박스의 배열로 생각할 수 있기 때문에 그림에서 메일박스를 여러 개 합친 것과 같은 모양으로 표현되었으며 각각의 메일박스에 있던 대기 리스트를 하나의 대기 리스트로 통합했다. 메일박스에서와 마찬가지로 메시지 큐 포인터가 가리키는 메시지는 응용 프로그램에 의존적이다. [그림 5.2]에서 메시지 큐의 각각의 칸은 메시지 큐에 보관할 수 있는 메시지의 최대 개수를 나타낸다. OSQPost( ) (혹은 OSQPostFront( )나 OSQPostOpt( ))를 N번 호출하는 동안 OSQPend( ) 함수나 OSQAccept( ) 함수를 호출하지 않으면, 메시지 큐는 포화상태가 된다.

[그림 5.2]에서 볼 수 있듯이 OSQPost( ), OSQPostFront( ), OSQPostOpt( ), OSQFlush( ), OSQAccept( )는 태스크나 ISR에서 호출할 수 있지만, OSQPend( ) 함수와 OSQQuery( ) 함수는 태스크에서만 호출할 수 있다.

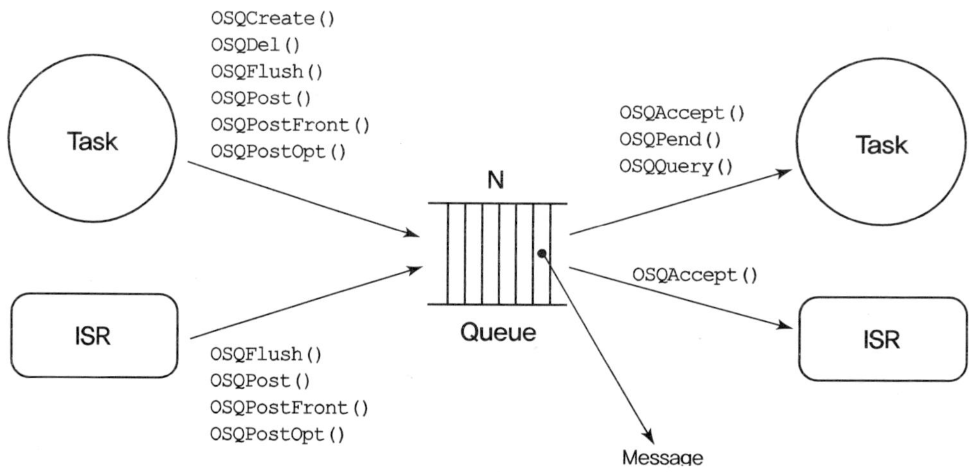

[그림 5.2] 태스크, ISR, 메시지 큐의 관계

```
OSTaskCreateExt(TaskStart,(void *)0,
                &TaskStartStk[TASK_STK_SIZE - 1],
                TASK_START_PRIO,
                TASK_START_ID,
                &TaskStartStk[0],
                TASK_STK_SIZE,
                &TaskUserData[TASK_START_ID],
                0);
```

☞ OSTaskCreateExt( ) 함수는 uC/OS-II가 관리할 태스크를 생성하기 위한 함수이다. 이 함수는 몇 가지 새로운 기능을 제공한다는 점을 제외하면 OSTaskCreate( )와 동일한 역할을 하지만 더 유연한 기능을 제공한다. 시작 코드에서 멀티태스킹 시작 전에 태스크를 생성할 수 있으며, 멀티태스킹 시작 후에 실행 태스크가 다른 태스크를 생성할 수도 있다. 다만 ISR 내에서는 태스크를 생성할 수 없다. 태스크는 무한루프 형태를 가지며, 절대 리턴하면 안 된다. 스택 프레임의 초기화 방법에 따라, 태스크가 실행될 때 인터럽트가 비활성화 상태가 되거나 활성화 상태가 될 수 있다. 이에 대한 자세한 내용은 프로세서 의존적인 코드(포트)를 참조해야 한다. OSTaskCreateExt( ) 함수에 사용되는 앞의 4개의 전달인자는 OSTaskCreate( )에서와 같은 역할을 한다.

```
MsgQueue = OSQCreate(&MsgQueueTbl[0], MSG_QUEUE_SIZE);
```

☞ OSQCreate( ) 함수는 메시지 큐를 생성한다. 태스크 또는 ISR은 메시지 큐를 이용해서 하나 또는 그 이상의 태스크로 포인터 크기 변수(메시지)를 보낼 수 있다. 메시지의 의미는 응용프로그램에 따라 달라진다.

```
msg = (char *)OSQPend(MsgQueue, 0, &err);
```

☞ 태스크가 큐로부터 메시지를 받고자 할 때 OSQPend( ) 함수를 사용한다. 메시지는 ISR이나 태스크에 의해 다른 태스크로 보내진다. 메시지는 포인터 크기 변수이며, 메시지를 어떻게 사용할지는 응용 프로그램에 따라 달라진다. 태스크가 OSQPend( )를 호출할 때 메시지 큐에 1개 이상의 메시지가 있다면 맨 먼저 큐에 저장된 메시지를 읽어내서 호출 태스크로 리턴한다. 반면에 메시지 큐에 저장된 메시지가 없을 경우, 메시지가 도착하거나 호출자가 지정한 타임아웃이 만료될 때까지 호출한 태스크를 대기 상태로 만든다. 여러 태스크가 메시지 큐에 대기 중인 상태에서 메시지가 큐에 도착하면 uC/OS-II는 그 태스크들 중 최상위 우선순위 태스크를 재실행한다. 또한 OSTaskSuspend( )에 의해 일시 정지 상태가 된 태스크도 메시지를 받을 수 있다. 하지만 OSTaskResume( ) 함수를 호출해서 태스크를 재실행하기 전까지는 여전히 정지 상태로 머문다.

OSQPost(MsgQueue, (void *)&msg[0]);

☞ 태스크가 큐를 통해 메시지를 전송하고자 할 때 OSQPost( ) 함수를 사용한다. 메시지는 포인터 크기 변수이며, 이것을 어떻게 사용할지는 응용 프로그램에 따라 달라진다. 메시지 큐가 가득 찬 경우, 호출자로 에러코드를 리턴한다. 이 경우 OSQPost( )는 즉시 호출자로 리턴하며, 메시지를 큐에 두지 않는다. 여러 태스크가 메시지 큐에 대기 중이라면 최상위 우선순위 태스크가 메시지를 받는다. 메시지를 기다리는 태스크가 메시지를 보내는 태스크보다 우선순위가 높을 경우, 문맥전환이 발생하여 하위 우선순위 태스크는 중단되고, 상위 우선순위 태스크가 재실행된다. 메시지 큐는 선입선출(FIFO) 방식으로서 먼저 도착한 메시지가 먼저 읽힌다.

OSQAccept( )

☞ OSQAccept( ) 함수는 메시지 큐에 메시지가 있는지 점검하는 역할을 한다. OSQPend( )와 달리 OSQAccept( ) 함수는 큐에 메시지가 없을 경우 호출 태스크를 대기 상태로 만들지 않는다. 그러나 메시지가 있을 경우에는 큐에서 메시지를 빼낸 다음, 이 메시지를 응용 프로그램으로 넘겨준다. 이 함수는 전형적으로 ISR에 이용되는데 ISR은 큐에 메시지가 도착하기를 기다리면 안되기 때문이다.

OSQDel( )

☞ OSQDel( ) 함수는 메시지 큐를 삭제할 때 사용된다. 이 함수를 사용할 때는 여러 태스크가 액세스하고 있는 메시지 큐를 삭제할 수 있기 때문에 주의를 기울여야 한다. 그러므로 큐를 삭제하기 전에 큐를 액세스할 수 있는 모든 태스크를 먼저 삭제하는 것이 일반적이다.

OSQFlush( )

☞ OSQFlush( ) 함수는 메시지 큐의 내용과 저장된 메시지들을 모두 지운다. 메시지 큐에 대기 중인 태스크가 있거나(메시지가 없을 경우), 저장된 메시지 개수에 상관없이 이 함수의 실행시간은 항상 일정하다.

OSQPostFront( )

☞ OSQPostFront( ) 함수는 메시지 큐를 통해서 태스크로 메시지를 보낸다.

OSQPostOpt( )

☞ OSQPostOpt( ) 함수는 메시지 큐를 통해 메시지를 전송한다.

OSQQuery( )

☞ OSQQuery( ) 함수는 메시지 큐에 대한 정보를 얻는다. 이 함수로부터 알

아낼 수 있는 정보는 태스크들이 큐에 대기 중인지, 몇 개의 태스크가 대기 중인지, 큐에 메시지가 몇 개 있는지, 큐의 크기가 얼마인지 등에 관한 것이다. 또한 큐가 비어있지 않을 경우 다음으로 읽어 올 수 있는 메시지가 무엇인지도 알 수 있다.

5.4 KEY 입출력

이 예제에서는 마이크로프로세서가 어떤 방식으로 키를 스캐닝하는지를 설명하고 키 입력과 관련된 함수에 대해 설명한다. 이 예제는 4×4 키의 입력을 실시간 기반에서 수행되는 것을 기본으로 하고 있지만, 전경/배경의 환경에서도 동작할 수 있도록 쉽게 구성되었다.

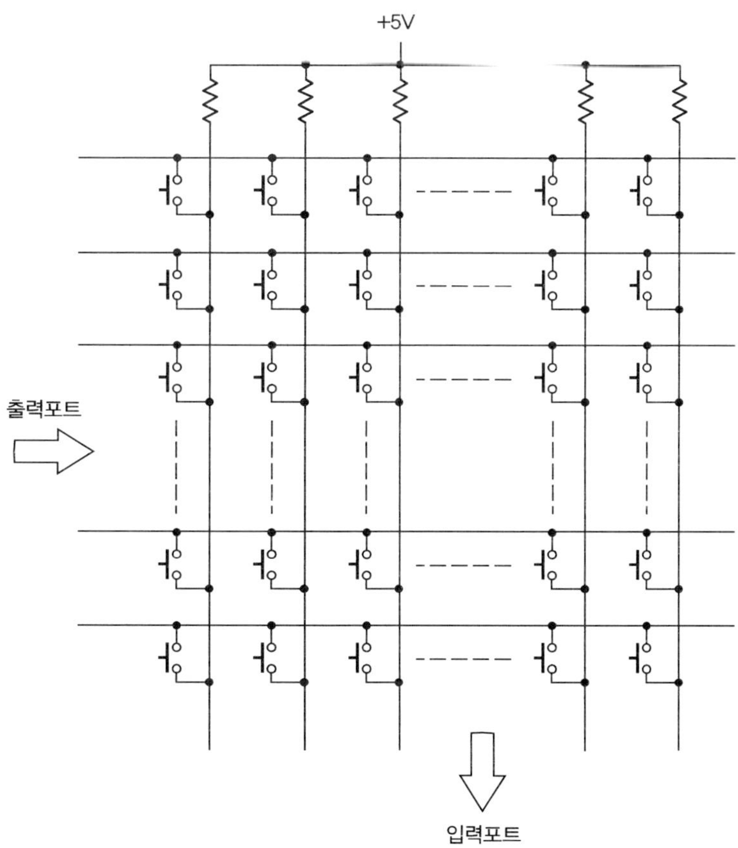

[그림 5.3] 키보드 매트릭스

5.4.1 매트릭스 키보드 스캐닝 알고리즘

시스템 초기화 시 출력 포트의 모든 행은 0으로 초기화 되고, 아무 키도 눌러지지 않았다면 입력 포트의 모든 열은 1로 읽힌다. 아무 키라도 눌러진다면 적어도 하나의 열은 0으로 읽혀질 것이다. 그러므로 마이크로프로세서는 키가 눌러지는 것을 감지하기 위해서 입력 포트의 임의의 비트가 0의 논리로 읽혀지는가를 모니터링한다.

일단 키가 눌린 것이 감지되면, 마이크로프로세서는 어떤 키가 눌렸는지 판단해야 한다. 이 과정은 상당히 간단한데, 마이크로프로세서는 입력 포트의 한 행씩 0을 입력한다. 이 때 출력 포트를 조사해서 0이 되는 열이 발견되면 현재 행에 해당되는 키가 눌러진 것이지만, 출력 포트의 모든 열이 1이면 다른 행의 키가 눌러졌음을 의미한다. 이런 식으로 모든 행에 대해 조사하면 어느 행의 키가 눌러졌는지 알 수 있고, 출력 포트에서 0의 값을 갖는 열의 위치를 조사함으로써 어느 열의 키가 눌러졌는지 판별할 수 있다. 그리고 두 값의 조합으로 눌러진 키를 정확히 찾을 수 있다.

5.4.2 예제

다음은 실습코드의 '5.4 Key' 디렉토리에 있는 key.c 코드를 설명한 것이다.

```
#define KEY_STATE_UP                1
#define KEY_STATE_DEBOUNCE          2
#define KEY_STATE_RPT_START_DLY     3
#define KEY_STATE_RPT_DLY           4
```

다음은 지역변수를 설정한 것이다.

```
static  INT8U     KeyBuf[KEY_BUF_SIZE];
static  INT8U     KeyBufInIx;
static  INT8U     KeyBufOutIx;
static  INT16U    KeyDownTmr;
static  INT8U     KeyNRead;
static  INT8U     KeyRptStartDlyCtr;
static  INT8U     KeyRptDlyCtr;
static  INT8U     KeyScanState;

static  OS_STK    KeyScanTaskStk[KEY_SCAN_TASK_STK_SIZE];

static  OS_EVENT *KeySemPtr;
```

다음은 키보드 버퍼와 각 인덱스를 저장하는 전역변수를 설정한 것이다.

```
static  void        KeyBufIn(INT8U code);
static  INT8U       KeyDecode(void);
static  BOOLEAN     KeyIsKeyDown(void);
static  void        KeyScanTask(void *data);
```

다음은 키보드의 스캔 코드(각 키의 고유한 식별자)를 지역함수 원형(prototype)에 저장한 것이다. code는 키보드 버퍼에 저장될 스캔 코드이다.

```
static  void  KeyBufIn (INT8U code)
{
    OS_ENTER_CRITICAL( );
    if (KeyNRead < KEY_BUF_SIZE) {
        KeyNRead++;
        KeyBuf[KeyBufInIx++] = code;
        if (KeyBufInIx >= KEY_BUF_SIZE) {
            KeyBufInIx = 0;
        }
        OS_EXIT_CRITICAL( );
        OSSemPost(KeySemPtr);
    } else {
        OS_EXIT_CRITICAL( );
    }
}
```

다음은 키보드 버퍼 플러시 함수로서 키보드 버퍼를 클리어한다.

```
void  KeyFlush (void)
{
    while (KeyHit( )) {
        KeyGetKey(0);
    }
}
```

다음 함수는 키가 얼마나 오래 눌러졌는지를 알아낸다.

```
INT32U  KeyGetKeyDownTime (void)
{
    INT16U tmr;

    OS_ENTER_CRITICAL( );
    tmr = KeyDownTmr;
    OS_EXIT_CRITICAL( );
    return (tmr * KEY_SCAN_TASK_DLY);
}
```

다음의 키보드 복호화 함수는 전술한 원리를 이용해서 눌러진 키의 스캔 코드를 판별하기 위해 호출된다.

```
static  INT8U  KeyDecode (void)
{
    INT8U      col;
    INT8U      row;
    INT8U      offset;
    BOOLEAN    done;
    INT8U      col_id;
    INT8U      msk;

    done = FALSE;
    row  = 0;

    while (row < KEY_MAX_ROWS && !done) {
        KeySelRow(row);
        if (KeyIsKeyDown( )) {
            done = TRUE;
        }else {
              row++;
        }
   }
    col     = KeyGetCol( );
    offset  = 0;
    if(col & KEY_SHIFT1_MSK) {
        offset += KEY_SHIFT1_OFFSET;
    }
   if(col & KEY_SHIFT2_MSK) {
```

```
        offset += KEY_SHIFT2_OFFSET;
    }
    if(col & KEY_SHIFT3_MSK) {
        offset += KEY_SHIFT3_OFFSET;
    }
    msk   = 0x01;
    col_id =    0;
    done  = FALSE;
    while (col_id < KEY_MAX_COLS && !done) {
        if (col & msk) {
            done  = TRUE;
        }else {
            col_id++;
            msk <<= 1;
        }
    }
    return (row * KEY_MAX_COLS + offset + col_id);
}
```

다음은 키보드 드라이버로부터 스캔코드를 읽어 오는 함수 코드이다. 함수의 인자인 'to(time out)'는 키가 눌러질 때까지 KeygetKey( )가 기다려야 하는 시간을 나타낸다. to가 0으로 설정되면 키가 눌러질 때까지 영원히 기다려야 함을 의미한다. 타임아웃이 발생하면 KeygetKey( )는 0xff를 리턴한다.

```
INT8U  KeyGetKey (INT16U to)
{
    INT8U code;
    INT8U err;
    OSSemPend(KeySemPtr, to, &err);
    OS_ENTER_CRITICAL( );
    if (KeyNRead > 0) {
        KeyNRead--;
        code = KeyBuf[KeyBufOutIx];
        KeyBufOutIx++;
        if(KeyBufOutIx >= KEY_BUF_SIZE){
            KeyBufOutIx = 0;
        }
        OS_EXIT_CRITICAL( );
        return (code);
    }else {
```

```
        OS_EXIT_CRITICAL( );
        return (0xFF);
    }
}
```

다음 함수는 버퍼에 스캔코드가 저장되어 있는지를 알아낸다.

```
BOOLEAN  KeyHit (void)
{
    BOOLEAN hit;

    OS_ENTER_CRITICAL( );
    hit = (BOOLEAN)(KeyNRead > 0) ? TRUE : FALSE;
    OS_EXIT_CRITICAL( );
    return (hit);
}
```

키보드 초기화 함수 KeyInit( )는 키보드 관련된 사용자 함수를 호출하기 전에 반드시 호출되어야 한다.

```
void  KeyInit (void)
{
    KeySelRow(KEY_ALL_ROWS);
    KeyScanState = KEY_STATE_UP;
    KeyNRead     = 0;
    KeyDownTmr   = 0;
    KeyBufInIx   = 0;
    KeyBufOutIx  = 0;
    KeySemPtr    = OSSemCreate(0);

    OSTaskCreate(KeyScanTask,(void*)0,
    &KeyScanTaskStk[KEY_SCAN_TASK_STK_SIZE], KEY_SCAN_TASK_PRIO);
}
```

KeyIsKeyDown( ) 함수는 현재 키가 눌러져 있는 지를 알아낸다. True일 때는 키가 눌러진 경우이고, False인 경우에는 키가 눌러지지 않은 경우이다.

```
static  BOOLEAN  KeyIsKeyDown (void)
{
    if (KeyGetCol( ) & ((1 << KEY_MAX_COLS) - 1)) {
```

```
            OS_ENTER_CRITICAL( );
            KeyDownTmr++;
        OS_EXIT_CRITICAL( );
        return (TRUE);
    }else {
        return (FALSE);
    }
}
```

다음 코드는 키보드 스캐닝 태스크를 수행한다. 이 태스크의 우선순위는 낮게 할당되어야 하며 스캐닝 주기는 KEY_SCAN_TASK_DLY에 의해 결정된다. 함수의 인자인 data는 태스크가 생성될 때 전달되는 인자의 포인터이지만 사용되지 않는다.

KeyScanTask( )는 복귀되지 않으며 KEY_RPT_START_DLY보다 오랫동안 키가 눌려져 있는 한 KEY_RPT_DLY마다 반복된다. 예를 들면, 키보드 스캐닝이 50ms마다 수행되고 KEY_RPT_START_DLY는 40, KEY_RPT_DLY는 2로 설정되어 있다면, 자동반복은 키를 누른 후 2초 후에 시작되고 100ms마다 기가 반복될 것이다.

```
static  void  KeyScanTask (void *data){
    INT8U code;
    data = data;
    for (;;) {
        OSTimeDlyHMSM(0, 0, 0, KEY_SCAN_TASK_DLY);
        switch (KeyScanState) {
            case KEY_STATE_UP:
                if (KeyIsKeyDown( )) {
                    KeyScanState = KEY_STATE_DEBOUNCE;
                    KeyDownTmr   = 0;
                }
                break;
            case KEY_STATE_DEBOUNCE:
                if (KeyIsKeyDown( )) {
                    code                = KeyDecode( );
                    KeyBufIn(code);
                    KeyRptStartDlyCtr = KEY_RPT_START_DLY;
                    KeyScanState       = KEY_STATE_RPT_START_DLY;
                } else {
                    KeySelRow(KEY_ALL_ROWS);
                    KeyScanState       = KEY_STATE_UP;
                }
                break;
```

```
            case KEY_STATE_RPT_START_DLY:
                if (KeyIsKeyDown( )) {
                    if (KeyRptStartDlyCtr > 0) {
                        KeyRptStartDlyCtr--;
                        if (KeyRptStartDlyCtr == 0) {
                            code         = KeyDecode( );
                            KeyBufIn(code);
                            KeyRptDlyCtr = KEY_RPT_DLY;
                            KeyScanState = KEY_STATE_RPT_DLY;
                        }
                    }
                } else {
                    KeyScanState = KEY_STATE_DEBOUNCE;
                }
                break;
            case KEY_STATE_RPT_DLY:
                if (KeyIsKeyDown( )) {
                    if (KeyRptDlyCtr > 0) {
                        KeyRptDlyCtr--;
                        if (KeyRptDlyCtr == 0) {
                            code         = KeyDecode( );
                            KeyBufIn(code);
                            KeyRptDlyCtr = KEY_RPT_DLY;
                        }
                    }
                } else {
                    KeyScanState = KEY_STATE_DEBOUNCE;
                }
                break;
        }
    }
}
```

void KeyFlush(void)

☞ 매트릭스 키보드 모듈은 사용자의 키 입력을 응용 프로그램이 읽어 갈 때마다 버퍼에 저장한다. 어떤 경우에는 이전에 입력된 키의 버퍼를 깨끗이 비우고 사용자 입력을 갱신(refresh)하는 것이 유용할 수도 있는데 KeyFlush( ) 함수가 이런 역할을 한다.

INT8U KeyGetKey(INT16U to);

☞ 응용 프로그램은 키보드 모듈로부터 스캔 코드를 읽어오려고 할 때 KeyGetKey( )를 호출한다. 키가 눌러지지 않았다면 이 함수를 호출하는 함수는 사용자가 설정한 타임 아웃(to)이 만료되거나 키가 눌릴 때까지 대기 상태가 된다.

전달인자는 to로서 사용자가 설정하는 클럭 틱 단위의 타임아웃 값이다. 이때 키 입력을 무한정 기다리려 한다면 to 값을 0으로 설정하면 된다. 그리고 Shift 키가 눌러져 있는가에 따라 KeyGetKey( )가 리턴하는 스캔코드는 달라진다. 이 함수는 키 입력이 있을 때까지 함수를 호출한 태스크를 대기시킨다는 사실에 주의해야 한다.

INT16U KeyGetKeyDownTime(void);

☞ KeyGetKeyDownTime( ) 함수는 밀리초(milisecond) 단위로 키가 눌려 있는 시간을 리턴한다. 이 함수는 키가 눌러진 시간에 따라 파라미터의 값을 증가시키거나 감소시키는 경우에 유용하게 사용된다.

BOOLEAN KeyHit(void);

☞ KeyHit( ) 함수는 응용프로그램이 현재 키가 눌러져 있는가를 판단할 때 사용된다. 이 함수는 KeyGetKey( )와는 다르게 호출자를 대기시키지 않는다. KeyHit( )는 키가 눌리어 있으면 즉시 TRUE를 리턴하고, 그렇지 않을 경우는 FALSE를 리턴한다. 그러므로 TRUE는 키보드 버퍼에 스캔코드가 있는 경우를, False는 키보드 버퍼가 빈 경우를 나타낸다.

void KeyInit(void);

☞ KeyInit( ) 함수는 키보드 모듈이 제공하는 함수를 사용하기 전에 응용 프로그램이 가장 먼저 호출해야 하는 초기화 함수다. KeyInit( )는 내부적으로 사용하는 변수와 하드웨어 포트를 초기화한다. 또 키보드 스캐닝을 수행하는 태스크를 생성한다.

매트릭스 키보드 모듈을 설정하는 일은 17개의 #define 상수를 변경하고 사용자의 환경에 맞게 하드웨어 인터페이스 함수를 변경하는 것이다. #define 상수는 KEY.H 파일에서 설정하거나 CFG.H 파일에서 변경할 수 있다. 그리고 키보드 스캐닝 태스크의 우선순위는 일반적으로 낮게 설정해야 한다.

5.5 타이머

이 예제는 타이머를 이용하여 일정한 시간에 맞춰 문자 LCD에 설정한 문자가 디스플레이 되게 하는 예제이다. 'EXPIRE'를 15초 동안 디스플레이하고 '-----------'를 디스플레이한 후 그것을 다시 10초 동안 디스플레이 한다.

다음은 실습코드의 '5.5 Tmr' 디렉토리에 있는 tmr.c 코드를 설명한 것이다. `TmrCfgFnct( )`는 타이머가 만료될 때 사용자가 설정하는 함수이다. 이를 위해서는 타이머가 만료될 때 실행할 함수의 주소를 정해줘야 한다.

전달인자 n은 만료시 타이머 숫자이고 0과 TMR_MAX_TMR-1 사이여야 한다. 전달인자 pfnct는 타이머가 만료될 때 실행될 함수의 포인터를 나타내고, 전달인자 arg는 pfnct로 전달되는 인자의 포인터이다. 그리고 `TmrChk( )` 함수는 타이머가 만료 되었는지를 점검하는 함수이다.

```
static  OS_EVENT   *TmrSemTenths;
static  OS_STK     TmrTaskStk[TMR_TASK_STK_SIZE];
static  INT8U      TmrTickCtr;
static  void       TmrTask(void *data);

void  TmrCfgFnct (INT8U n, void (*pfnct)(void *), void *arg)
{
    TMR *ptmr;

    if (n < TMR_MAX_TMR) {
        ptmr              = &TmrTbl[n];
        OS_ENTER_CRITICAL( );
        ptmr->TmrFnct     = fnct;
        ptmr->TmrFnctArg = arg;
        OS_EXIT_CRITICAL( );
    }
}

INT16U  TmrChk (INT8U n)
{
    INT16U val;

    val = 0;
    if (n < TMR_MAX_TMR) {
        OS_ENTER_CRITICAL( );
```

```
        val = TmrTbl[n].TmrCtr;
        OS_EXIT_CRITICAL( );
    }
    return (val);
}
```

다음 코드는 TmrFormat( ) 함수로서 타이머를 ASCII 문자열로 포맷하는 역할을 한다. 그리고 TmrReset( ) 함수는 타이머를 초기 상태로 리셋하는 함수이다.

```
void  TmrFormat (INT8U n, char *s)
{
    INT8U   min;
    INT8U   sec;
    INT8U   tenths;
    INT16U  val;

    if (n < TMR_MAX_TMR) {
        OS_ENTER_CRITICAL( );
        val    = TmrTbl[n].TmrCtr;
        OS_EXIT_CRITICAL( );
        min     = (INT8U)(val / 600);
        sec     = (INT8U)((val - min * 600) / 10);
        tenths = (INT8U)(val % 10);
        s[0]    = min / 10 + '0';
        s[1]    = min % 10 + '0';
        s[2]    = ':';
        s[3]    = sec / 10 + '0';
        s[4]    = sec % 10 + '0';
        s[5]    = '.';
        s[6]    = tenths   + '0';
        s[7]    = NUL;
    }
}

void  TmrReset (INT8U n)
{
    TMR *ptmr;

    if (n < TMR_MAX_TMR) {
        ptmr          = &TmrTbl[n];
        OS_ENTER_CRITICAL( );
```

```
        ptmr->TmrCtr = ptmr->TmrInit;
        OS_EXIT_CRITICAL( );
    }
}
```

다음 함수는 타이머를 분, 초, 밀리초 단위로 지정한다.

```
void TmrSetMST (INT8U n, INT8U min, INT8U sec, INT8U tenths)
{
    TMR   *ptmr;
    INT16U  val;


    if (n < TMR_MAX_TMR) {
        ptmr = &TmrTbl[n];
        val  = (INT16U)min * 600 + (INT16U)sec * 10 + (INT16U)tenths;
        OS_ENTER_CRITICAL( );
        ptmr->TmrInit = val;
        ptmr->TmrCtr  = val;
        OS_EXIT_CRITICAL( );
    }
}
```

다음 함수는 매 클럭 틱마다 '클럭 틱' ISR에 의해서 호출된다. 따라서 이 함수는 밀리초 단위로 클럭 틱을 카운트 하는 일을 한다. 0.1초가 경과하면 이 함수는 타이머 관리자 태스크에게 신호를 보낸다. TMR_DLY_TICKS는 밀리 초 지연에 사용될 수 있도록 설정되어야 한다. uC/OS-II를 사용하고 있다면 이 값은 OS_TICKS_PER_SEC/10으로 설정될 수 있다.

```
void TmrSignalTmr (void)
{
    TmrTickCtr++;
    if (TmrTickCtr >= TMR_DLY_TICKS) {
        TmrTickCtr = 0;
        OSSemPost(TmrSemTenths);
    }
}
```

다음은 타이머의 시작과 멈춤을 관리하는 함수이다.

```
void  TmrStart (INT8U n)
{
    if (n < TMR_MAX_TMR) {
        OS_ENTER_CRITICAL( );
        TmrTbl[n].TmrEn = TRUE;
        OS_EXIT_CRITICAL( );
    }
}

void  TmrStop (INT8U n)
{
    if (n < TMR_MAX_TMR) {
        OS_ENTER_CRITICAL( );
        TmrTbl[n].TmrEn = FALSE;
        OS_EXIT_CRITICAL( );
    }
}
```

아래 코드의 TmrTask( ) 함수는 TmrInit( )에 의해서 호출되며 타이머를 갱신하는 역할을 하며, 밀리초마다 실행된다.

다른 커널과 마찬가지로 μC/OS-II에서는 시간 지연과 타임아웃 기능 등을 구현하려면 주기적으로 타임 인터럽트를 발생시켜 줘야 한다. 이 주기적 타이밍 소스를 클럭 틱이라 하며, 초당 10회에서 100회(10~100 Hz) 정도 발생되어야 한다. 초당 클럭 틱 발생 횟수가 많을수록 프로세서의 오버헤드가 증가하기 때문에 실제 클럭 틱의 주파수는 응용 프로그램이 어느 정도의 시간 정밀도를 요구하는지에 따라서 결정되어야 한다.

```
    TMR    *ptmr;
    INT8U   err;
    INT8U   i;
    void   (*pfnct)(void *);
    void   *parg;

    data  = data;
    pfnct = (void (*)(void *))0;
    parq  = (void *)0;
    for (;;) {
```

```
#if TMR_USE_SEM
        OSSemPend(TmrSemTenths, 0, &err);
#else
        OSTimeDlyHMSM(0, 0, 0, 100);
#endif
     ptmr = &TmrTbl[0];
        for (i = 0; i < TMR_MAX_TMR; i++) {
            OS_ENTER_CRITICAL( );
            if (ptmr->TmrEn == TRUE) {
                if (ptmr->TmrCtr > 0) {
                    ptmr->TmrCtr--;
                    if (ptmr->TmrCtr == 0) {
                        ptmr->TmrEn = FALSE;
                        pfnct       = ptmr->TmrFnct;
                        parg        = ptmr->TmrFnctArg;
                    }
                }
            }
            OS_EXIT_CRITICAL( );
            if (pfnct != (void (*)(void *))0) {
                (*pfnct)(parg);
                pfnct = (void (*)(void *))0;
            }
            ptmr++;
        }
    }
}
```

OSTimeDly( )

☞ OSTimeDly( ) 함수는 태스크 자신을 지정한 클럭 틱 동안 대기 상태로 지연시킨다. 지정한 틱 값이 0보다 큰 경우엔 항상 문맥전환이 발생한다. 사용 가능한 지연시간은 최대 65,535틱까지이며 지연시간을 0으로 지정하면 이 함수는 아무런 일도 하지 않고 바로 리턴한다. 실제 지연 시간은 클럭 틱 발생주기에 따라 결정된다.

OSTimeDlyHMSM( )

☞ OSTimeDlyHMSM( ) 함수는 태스크 자신을 지정한 시간 동안 대기 상태로 지연시킨다. 이때 시간은 시, 분, 초, 밀리초 단위로 지정한다. 이 함수는 OSTimeDly( ) 함수보다 직접적으로 시간을 지정할 수 있다. 지정한 시간이 0 이상이라면 항상 문맥전환이 발생한다.

OSTimeDlyResume( )

☞ OSTimeDlyResume( ) 함수는 OSTimeDly( ) 함수나 OSTimeDlyHMSM( )을 사용해서 지연 중인 태스크의 시간 지연을 취소하는 함수이다.

OSTimeGet( )

☞ OSTimeGet( ) 함수는 시스템 클럭 틱의 현재 값을 가져오는 함수다. 시스템 클럭 틱은 32비트 카운터 변수로서 시스템이 동작을 시작한 뒤 또는 마지막으로 클럭 틱 값을 설정한 이후 계속해서 매 틱마다 1씩 증가한다.

OSTimeSet( )

☞ OSTimeSet( ) 함수는 시스템 클럭 틱을 설정한다.

OSTimeTick( )

☞ OSTimeTick( ) 함수는 클럭 틱 처리를 담당하는 함수이다. uC/OS-II에서는 매 클럭 틱마다 모든 태스크에 대해 해당 태스크들이 시간이 흐르기를 대기하고 있는지 혹은 어떤 이벤트가 발생하기를 기다리고 있는지를 체크하고 적절한 조치를 취한다.

5.6 A/D 변환

이 예제에서는 AD변환 태스크를 만들어 가변저항의 변화폭에 따른 전압 값을 0번과 1번 채널로 입력을 받아 AD 변환을 한 후 그 값을 LCD에 디스플레이 시켜준다. 다음은 실습코드의 '5.6 ADC' 디렉토리에 있는 main_adc.c 코드의 AD변환 부분 코드를 설명한 것이다.

```
int ad_conversion(char ch)
// Single Ended Input A/D Conversion for ATMEGA128
{
    ADMUX = (ch & 0x1F) | 0x40;
    // Ref. Voltage = AVCC with external capacitor at AREF pin
    // ADLAR = 0
    ADCSRA = 0xD5;
    // ADEN = 1 : ADC Enable
    // ADSC = 1 : ADC Start
    // ADFR = 0 : ADC Free Running
    // ADIF = 1 : ADC Interrupt Flag
    // ADC Prescaler = 32
```

```
        while((ADCSRA & 0x10) != 0x10);
        return(ADC);
    }
```

본 예제에서 AD변환은 uC/OS-II에서 제공하고 있는 AD변환 인터페이스 함수를 사용하지 않고 MCU인 ATmega128에서 사용할 수 있는 AD변환 함수를 직접 제작하여 사용한다. 다음 함수는 본 시스템에서 사용되는 AD변환 함수를 설명 한 것이다.

ad_conversion(char ch)

☞ ad_conversion( ) 함수는 ATmega128에서 AD변환을 담당하는 함수이다. 입력되는 채널 번호(ch)에 따라 AD채널이 바뀌어서 정수값으로 변환된 값을 출력한다.

ADMUX

☞ ADMUX(ADC Multiplexer Selection Register) 레지스터는 AD 컨버터의 아날로그 입력 채널을 선택하는 기본 기능과 AD 컨버터의 기준전압 소스를 선택하거나 변환결과를 레지스터에 저장 시 데이터 형식을 지정하는 기능을 수행한다.

ADCSRA

☞ ADCSRA(ADC Control and Status Register A) 레지스터는 AD 컨버터의 동작을 설정하거나 동작 상태를 표시하는 기능을 수행한다.

다음은 실습코드의 '5.6 ADC' 디렉토리에 있는 main_adc.c 코드의 Task 코드로 채널 1과 2의 AD 컨버터의 출력을 LCD에 나타내는 역할을 한다.

```
void Task1 (void *data)
{
        INT8U err;
        int  adc0 = 0;
        for (;;) {
          OSSemPend(AdcSem, 0, &err);
          adc0 = ad_conversion(0);
          OSSemPost(AdcSem);
          OSSemPend(DispSem, 0, &err);
              // Acquire semaphore to display every 0.1 sec
          LCD_command(0xc0);
          LCD_4d(adc0);
          OSSemPost(DispSem);
          OSTimeDlyHMSM(0,0,0,100);
```

```
    }
}

void Task2 (void *data)
{
    INT8U err;
    int  adc1 = 0;
    for (;;) {

        OSSemPend(AdcSem, 0, &err);
        adc1 = ad_conversion(1);
        OSSemPost(AdcSem);
        OSSemPend(DispSem, 0, &err);
            // Acquire semaphore to display every 0.2 sec

        LCD_command(0xc0+5);
        LCD_4d(adc1);
        OSSemPost(DispSem);
        OSTimeDlyHMSM(0,0,0,200);
    }
}
```

위 예제에서 Task 1에서는 AD0의 값을 입력 받아 0.1초 마다 LCD에 출력하는 기능을 하고 Task 2에서는 AD1의 값을 0.2초 마다 LCD에 출력하는 역할을 한다.

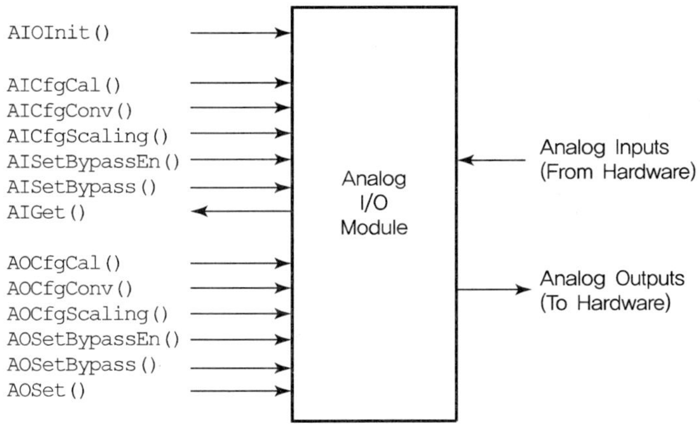

[그림 5.4] 아날로그 I/O 모듈 인터페이스 함수

uC/OS-II에서는 [그림 5.4]와 같이 인터페이스 함수를 통하여 아날로그 I/O 모듈(AD변환기)을 사용할 수 있다. 다음은 uC/OS-II 아날로그 I/O 모듈에서 사용할 수 있는 인터페이스 함수를 나타낸다.

INT8U AICfgCal(INT8U n, FP32 gain, FP32 offset)

☞ AICfgCal( ) 함수는 아날로그 입력 채널의 교정이득과 오프셋을 설정할 때 사용한다.

AICfgConv( ) = INT8U AICfgConv(INT8U n, FP32 gain, FP32 offset, INT8Upass)

☞ AICfgConv( ) 함수는 아날로그 입력 채널의 변환 이득, 변환 오프셋, 그리고 패스 카운터를 설정할 때 사용한다.

AICfgScaling( ) = INT8U AICfgScaling(INT8U n, void (fnct) (AIO * paio), void *arg)

☞ AICfgScaling( ) 함수는 아날로그 채널을 읽을 때 수행하는 배율함수를 설정한다.

AIGet( ) = INT8U AIGet(INT8U n, FP32 *pval)

☞ 현재 아날로그 입력 채널의 값은 AIGet( ) 함수를 호출해서 얻을 수 있다.

AIOInit( ) = void AIOInit(void)

☞ AIOInit( ) 함수는 아날로그 I/O 모듈의 초기화 함수다. AIOInit( )은 아날로그 I/O 모듈의 다른 함수를 호출하기 전에 반드시 호출해야 한다.

5.7 비동기통신

이 예제에서는 각 통신 포트로 1바이트를 입력받으면 다시 에코하는 비동기통신에 대한 예제 코드이다. [그림 5.5]는 비동기통신 타이밍 다이어그램을 나타낸다. 실습코드의 '5.7 Comm(1)' 디렉토리의 예제는 단순히 인터럽트 루틴에서 송수신하는 것이고 '5.7 Comm(2)' 디렉토리의 예제는 버퍼링 방식으로 송수신을 구현한 것이다.

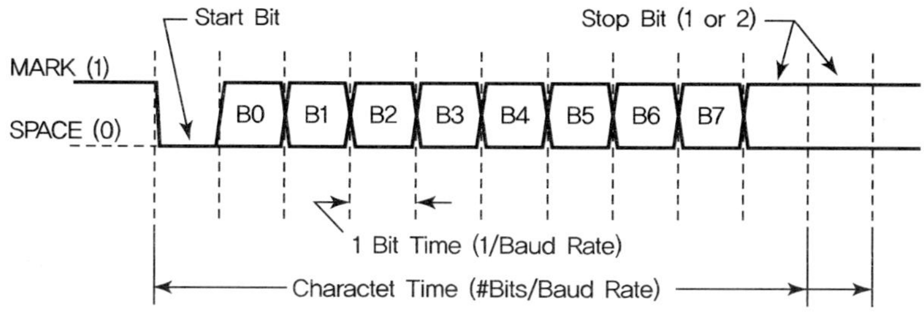

[그림 5.5] 비동기 통신 타이밍 다이어그램

다음은 실습코드의 'Comm(2)' 디렉토리에 있는 main_comm2.c 코드에 있는 구조체의 데이터 타입을 설명한 것이다.

INT16U RingBufRxCtr;

☞ Rx 링 버퍼에 저장된 데이터 수

OS_EVENT *RingBufRxSem;

☞ 수신 세마포어의 포인터

INT8U *RingBufRxInPtr;

☞ 다음 데이터를 저장할 곳을 가리키는 포인터

INT8U *RingBufRxOutPtr;

☞ 다음에 읽어갈 데이터를 가리키는 포인터

INT8U RingBufRx[COMM_RX_BUF_SIZE];

☞ 수신용 링 버퍼 저장영역(Rx)

INT16U RingBufTxCtr;

☞ Tx 링 버퍼에 저장된 데이터 수

OS_EVENT *RingBufTxSem;

☞ 송신 세마포어의 포인터

INT8U *RingBufTxInPtr;

☞ 다음 데이터를 저장할 곳을 가리키는 포인터

INT8U *RingBufTxOutPtr;

☞ 다음에 읽어갈 데이터를 가리키는 포인터

INT8U RingBufTx[COMM_TX_BUF_SIZE];

☞ 송신용 링 버퍼 저장영역(Tx)

```
INT8U  CommGetChar (INT8U ch, INT16U to, INT8U *err)
{
    INT8U         c;
    INT8U         oserr;
    COMM_RING_BUF *pbuf;

    switch (ch) {
        case COMM1:
             pbuf = &Comm1Buf;
             break;

        case COMM2:
             pbuf = &Comm2Buf;
             break;

        default:
             *err = COMM_BAD_CH;
             return (NUL);
    }
    OSSemPend(pbuf->RingBufRxSem, to, &oserr);
    if (oserr == OS_TIMEOUT) {
        *err = COMM_RX_TIMEOUT;
        return (NUL);
    } else {
        OS_ENTER_CRITICAL( );
        pbuf->RingBufRxCtr--;
        c = *pbuf->RingBufRxOutPtr++;
        if (pbuf->RingBufRxOutPtr ==
             &pbuf->RingBufRx[COMM_RX_BUF_SIZE]) {
             pbuf->RingBufRxOutPtr = &pbuf->RingBufRx[0];
        }
        OS_EXIT_CRITICAL( );
        *err = COMM_NO_ERR;
        return (c);
    }
}
```

CommGetChar(INT8U ch, INT16U to, INT8U *err)

☞ 응용 프로그램은 통신 채널로부터 링 버퍼에서 데이터를 읽어내기 위해 이 함수를 호출한다. 이 함수는 통신채널에 데이터가 수신되거나 타임아웃이 만료될 때까지 대기한다.

- ch : COMM 포트 채널 번호로서, COMM1과 COMM2 값을 갖는다.
- to : 데이터가 수신되기를 기다리는 타임아웃을 클럭 틱 단위로 지정한다. 이 값을 0으로 지정하면 함수는 데이터가 수신될 때 까지 무한정 대기한다.
- err : 에러코드가 저장될 변수를 가리키는 포인터. 다음과 같은 값이 설정된다. COMM_NO_ERR : 버퍼에서 데이터를 읽어 낸 경우
  - COMM_RX_TIMEOUT : 타임아웃이 만료된 경우
  - COMM_BAD_CH : 무효 채널을 지정한 경우

```
INT8U  CommGetTxChar (INT8U ch, INT8U *err)
 {   INT8U          c;
    COMM_RING_BUF *pbuf;
    switch (ch) {
        case COMM1:
             pbuf = &Comm1Buf;
             break;
        case COMM2:
             pbuf = &Comm2Buf;
             break;
        default:
             *err = COMM_BAD_CH;
             return (NUL);
    }
    if (pbuf->RingBufTxCtr > 0) {
        pbuf->RingBufTxCtr--;
        c = *pbuf->RingBufTxOutPtr++;
        if (pbuf->RingBufTxOutPtr == &pbuf->RingBufTx
                                        [COMM_TX_BUF_SIZE])
 {
    pbuf->RingBufTxOutPtr = &pbuf->RingBufTx[0];
 }
         OSSemPost(pbuf->RingBufTxSem);
        *err = COMM_NO_ERR;
        return (c);
    } else {
        *err = COMM_TX_EMPTY;
        return (NUL);
    }
}
```

CommGetTxChar(INT8U ch, INT8U *err)

☞ 송신 ISR은 버퍼로부터 다음 송신 데이터를 읽어 내기 위해서 이 함수를 호출한다. 이 함수는 버퍼에서 데이터를 읽어낸 후 버퍼가 빈다면 FALSE를 리턴한다. 따라서 송신 ISR은 이 함수가 FALSE를 리턴하면 버퍼가 비어있는 것을 의미하므로 송신 인터럽트를 비활성화 한다.

- ch : COMM 포트 채널 번호로서 COMM1과 COMM2의 값을 갖는다.
- err : 에러코드가 저장될 변수를 가리키는 포인터로서 다음과 같은 값이 설정된다.
  - COMM_NO_ERR : 하나 이상의 데이터가 버퍼에 존재하는 경우
  - COMM_TX_EMPTY : 버퍼가 비어 있는 경우
  - COMM_BAD_CH : 무효 채널을 지정한 경우

```
void CommInit (void)
{
    COMM_RING_BUF *pbuf;

    pbuf                    = &Comm1Buf;
    pbuf->RingBufRxCtr      = 0;
    pbuf->RingBufRxInPtr    = &pbuf->RingBufRx[0];
    pbuf->RingBufRxOutPtr   = &pbuf->RingBufRx[0];
    pbuf->RingBufRxSem      = OSSemCreate(0);
    pbuf->RingBufTxCtr      = 0;
    pbuf->RingBufTxInPtr    = &pbuf->RingBufTx[0];
    pbuf->RingBufTxOutPtr   = &pbuf->RingBufTx[0];
    pbuf->RingBufTxSem      = OSSemCreate(COMM_TX_BUF_SIZE);

    pbuf                    = &Comm2Buf;
    pbuf->RingBufRxCtr      = 0;
    pbuf->RingBufRxInPtr    = &pbuf->RingBufRx[0];
    pbuf->RingBufRxOutPtr   = &pbuf->RingBufRx[0];
    pbuf->RingBufRxSem      = OSSemCreate(0);
    pbuf->RingBufTxCtr      = 0;
    pbuf->RingBufTxInPtr    = &pbuf->RingBufTx[0];
    pbuf->RingBufTxOutPtr   = &pbuf->RingBufTx[0];
    pbuf->RingBufTxSem      = OSSemCreate(COMM_TX_BUF_SIZE);
}
```

CommInit( )

☞ CommInit( ) 함수는 COMMRTOS 모듈을 초기화 한다. 이 함수는 COMMRTOS 모듈이 제공하는 다른 서비스를 사용하기 전에 반드시 호출되어야 한다. CommInit( ) 함수는 링 버퍼의 카운터 수를 클리어 하고 각 링 버퍼의 IN, OUT 포인터를 각 저장 영역의 시작 위치를 지시하도록 초기화한다. 데이터 수신용 세마포어는 버퍼에 아무 데이터도 없다는 것을 알려주기 위해 0으로 초기화한다. 그리고 데이터 송신용 세마포어는 버퍼가 비어 있다는 것을 알려주기 위해 버퍼의 크기로 초기화된다.

```
BOOLEAN  CommIsEmpty (INT8U ch)
{
    BOOLEAN        empty;
    COMM_RING_BUF *pbuf;

    switch (ch) {
        case COMM1:
             pbuf = &Comm1Buf;
             break;
        case COMM2:
             pbuf = &Comm2Buf;
             break;
        default:
             return (TRUE);
    }
    OS_ENTER_CRITICAL( );
    if (pbuf->RingBufRxCtr > 0) {
        empty = FALSE;
    } else {
        empty = TRUE;
    }
    OS_EXIT_CRITICAL( );
    return (empty);
}
```

CommIsEmpty(INT8U ch)

☞ 이 함수는 수신 버퍼가 비었는지 확인하는 기능을 한다. 응용 프로그램은 통신 채널에 데이터가 유효한지 확인하기 위해 이 함수를 호출한다. 한 바이트 이상의 데이터가 유효하면 FALSE를 리턴하고 그렇지 않은 경우 TRUE를 리턴한다. 버퍼에 데이터가 없는 경우 이 함수를 호출해도 태스크는 지연되지

않는다.

- ch : COMM 포트 채널 번호로서 COMM1과 COMM2의 값을 갖는다.

리턴 값은 TRUE일 경우 버퍼가 빈 경우이고, FALSE는 버퍼가 비어있지 않은 경우 또는 무효 채널을 지정한 경우이다.

```
BOOLEAN  CommIsFull (INT8U ch)
{
    BOOLEAN       full;
    COMM_RING_BUF *pbuf;

    switch (ch) {
        case COMM1:
             pbuf = &Comm1Buf;
             break;

        case COMM2:
             pbuf = &Comm2Buf;
             break;

        default:
             return (TRUE);
    }
    OS_ENTER_CRITICAL( );
    if (pbuf->RingBufTxCtr < COMM_TX_BUF_SIZE) {
        full = FALSE;
    } else {
        full = TRUE;
    }
    OS_EXIT_CRITICAL( );
    return (full);
}
```

CommIsFull( )

☞ 이 함수는 송신버퍼가 완전히 찼는지 확인한다. 응용프로그램은 송신버퍼에 데이터를 더 저장할 수 있는지 확인하기 위해 이 함수를 호출한다. 즉 이 함수는 송신버퍼가 완전히 찼는지 확인한다. 버퍼가 찬 경우 함수는 TRUE를 리턴하고 그렇지 않은 경우는 FALSE를 리턴한다. 버퍼가 차 있는 경우 이 함수를 호출해도 태스크는 지연되지 않는다.

```
INT8U  CommPutChar (INT8U ch, INT8U c, INT16U to)
{
    INT8U         oserr;
    COMM_RING_BUF *pbuf;
    switch (ch) {
        case COMM1:
             pbuf = &Comm1Buf;
             break;
        case COMM2:
             pbuf = &Comm2Buf;
             break;
        default:
             return (COMM_BAD_CH);
    }
    OSSemPend(pbuf->RingBufTxSem, to, &oserr);
    if (oserr == OS_TIMEOUT) {
        return (COMM_TX_TIMEOUT);
    }
    OS_ENTER_CRITICAL( );
    pbuf->RingBufTxCtr++;
    *pbuf->RingBufTxInPtr++ = c;
    if (pbuf->RingBufTxInPtr == &pbuf->RingBufTx[COMM_TX_BUF_SIZE])
{
        pbuf->RingBufTxInPtr = &pbuf->RingBufTx[0];
    }
    if (pbuf->RingBufTxCtr == 1) {
        CommTxIntEn(ch);
    }
    OS_EXIT_CRITICAL( );
    return (COMM_NO_ERR);
}
```

CommPutChar(INT8U ch, INT8U c, INT16U to)

☞ 이 함수는 통신채널로 데이터를 보내기 위해 호출된다. CommPutChar( )는 한 번에 한 바이트씩 시리얼 포트로 데이터를 보낸다. 이 때 버퍼가 차 있다면 이 함수를 호출한 태스크는 지연된다. 송신 ISR이 송신 버퍼의 데이터를 시리얼 포트로 전송하면 지연 상태의 태스크는 다시 실행된다. 이 때 버퍼가 완전히 찬 경우는 버퍼가 빌 때까지 기다린다. 그리고 지정한 타임아웃이 만료될 때까지 버퍼가 비지 않으면 호출함수로 리턴하며, 타임아웃을 0으로 시정하면 버퍼가 빌 때까지 영원히 기다린다.

가장 먼저 버퍼에 저장되는 데이터가 송신 ISR에 의해 전송되고, 버퍼가 완전히 빈 상태에서 첫 번째 데이터가 버퍼에 저장될 때 송신 ISR이 활성화 된다.

- ch : COMM 포트 채널 번호로서 COMM1과 COMM2의 값을 갖는다.
- c : 버퍼에 저장하고자 하는 데이터.
- to : 버퍼가 찬 경우 빌 때까지 기다리도록 지정하는 클럭 틱 단위의 타임아웃 값.

타임아웃으로 0을 지정하면 버퍼가 빌 때까지 영원히 기다린다.

```
void CommPutRxChar (INT8U ch, INT8U c)
{
    COMM_RING_BUF *pbuf;

    switch (ch) {
        case COMM1:
             pbuf = &Comm1Buf;
             break;
        case COMM2:
             pbuf = &Comm2Buf;
             break;
        default:
             return;
    }
    if (pbuf->RingBufRxCtr < COMM_RX_BUF_SIZE) {
        pbuf->RingBufRxCtr++;
        *pbuf->RingBufRxInPtr++ = c;
        if (pbuf->RingBufRxInPtr ==
           &pbuf->RingBufRx[COMM_RX_BUF_SIZE]) {
            pbuf->RingBufRxInPtr = &pbuf->RingBufRx[0];
        }
        OSSemPost(pbuf->RingBufRxSem);
    }
}
```

CommPutRxChar(INT8U ch, INT8U c)

☞ 이 함수는 수신용 링 버퍼에 데이터를 저장하기 위해 ISR에 의해 호출된다.

- ch : COMM 포트 채널 번호로서 COMM1과 COMM2의 값을 갖는다.
- c : 링 버퍼에 저장하려는 데이터로서 버퍼가 차 있다면 데이터는 저장되지 않고 무시된다.

다음은 비동기 통신의 인터페이스 함수를 설명한 것이다.

CommCfgPort( )

☞ CommCfgPort( ) 함수는 시리얼 포트를 설정하는데 사용한다. 지정된 포트에 대해 이 모듈을 제공하는 다른 함수를 호출하기 전에 반드시 이 함수를 호출한다.

CommRxFlush( )

☞ CommRxFlush( ) 함수는 UART의 수신 레지스터의 내용을 지울 때 사용한다. UART의 수신 레지스터는 CPU가 한 개의 바이트를 처리하는 동안 또 하나의 바이트를 수신할 수 있다.

CommRxIntDis( )

☞ CommRxIntDis( ) 함수는 해당되는 시리얼 포트로 데이터가 수신되었을 때 인터럽트를 방지하는데 사용한다. 응용 프로그램은 CommRxIntDis( )를 사용함으로써 해당되는 시리얼 포트의 인터럽트를 어떻게 비활성화 하는지 신경 쓰지 않아도 된다. CommRxIntDis( )는 UART의 송신 인터럽트가 활성화되어 있는 경우, 인터럽트 컨트롤러의 비트를 클리어 하지 않는다는 것에 주의해야 한다.

CommRxIntEn( )

☞ CommRxIntEn( ) 함수는 해당되는 시리얼 포트로 데이터가 수신되었을 때 인터럽트를 활성화하기 위해 사용한다. 이 함수를 사용함으로써 해당되는 시리얼 포트의 인터럽트를 어떻게 활성화 하는지에 대해서는 신경 쓰지 않아도 된다.

ComSetIntVect( )

☞ ComSetIntVect( ) 함수는 해당되는 시리얼 포트에 대한 인터럽트 벡터 테이블의 내용을 설정하는데 사용된다. 이 함수는 응용 프로그램을 종료하고 도스로 돌아갈 때 원래의 BIOS 통신 핸들러에 대한 포인터를 복구하기 위해 그 값을 저장한다.

CommRclIntVect( )

☞ CommRclIntVect( ) 함수는 해당되는 시리얼 포트의 원래 인터럽트 벡터를 인터럽트 벡터 테이블로 복구하는데 사용된다.

찾아보기

저자 소개

김 종 욱

- 동아대학교 전자공학과 교수
- 포항공과대학교 전자전기공학과 (공학박사)
- 관심분야: 임베디드시스템, 지능로봇, 최적화 알고리듬

손 준 익

- 비트테크놀로지 대표
- 동아대학교 전자공학과 (공학박사)
- 관심분야: 임베디드시스템, 전력전자, 저항용접

정가 99,000원

혼자서도 즐기는 임베디드 시스템

2010년 1월 30일 초판 인쇄
2010년 2월 10일 초판 발행
저 자 : 김 종 욱 · 손 준 익
발행자 : 우 명 찬 · 송 준
발행처 : 홍릉과학출판사
주 소 : 서울시 강북구 수유5동 455-60
142-885
등 록 : 1976년 10월 21일 제5-66호
전 화 : (02)999-2274 ~ 5, 996-8341, 903-7037
팩 스 : (02)905-6729
ISBN : 978-89-7283-821-0
e-mail: hongpub@hongpub.co.kr
http://www.hongpub.co.kr

저자와의 협의하에 인지생략